深度影响——

如何自然地赢得人心

乔杰
编著

吉林出版集团股份有限公司

图书在版编目（CIP）数据

深度影响：如何自然地赢得人心/乔杰编著. --

长春：吉林出版集团股份有限公司，2019.1

ISBN 978-7-5581-6429-3

Ⅰ.①深… Ⅱ.①乔… Ⅲ.①成功心理 - 通俗读物

Ⅳ.① B848.4-49

中国版本图书馆 CIP 数据核字（2019）第 019408 号

SHENDU YINGXIANG——RUHE ZIRAN DE YINGDE RENXIN

深度影响——如何自然地赢得人心

编　　著：乔　杰

出版策划：孙　昶

责任编辑：孙骏骅

装帧设计：韩立强

封面供图：摄图网

出　　版：吉林出版集团股份有限公司

　　　　　（长春市福祉大路 5788 号，邮政编码：130118）

发　　行：吉林出版集团译文图书经营有限公司

　　　　　（http://shop34896900.taobao.com）

电　　话：总编办 0431-81629909　营销部 0431-81629880 / 81629900

印　　刷：天津海德伟业印务有限公司

开　　本：880mm×1230mm　1 /32

印　　张：6

字　　数：130 千字

版　　次：2019 年 1 月第 1 版

印　　次：2021 年 5 月第 3 次印刷

书　　号：ISBN 978-7-5581-6429-3

定　　价：32.00 元

印装错误请与承印厂联系　电话：022-82638777

　　我们每天都在和不同的人打交道，在我们的日常生活和工作学习中，无论是说话聊天，还是上台演讲，都是在通过语言与他人进行沟通。你需要恰到好处地表现自己，才能自然地赢得他人的心。

　　说话过程中，清晰的语言表达、高效的沟通能力、有力的说服技能都可以有效提升你的形象。如何自然地赢得人心，对于大部分人来说，都是一个亟待解决的问题。

　　人们说话，不仅是为了表达自己的想法，更是为了与他人更好地交流沟通，从而影响他人，使自己拥有更好的社交关系和生活状态。如果仅仅是能言善辩，停留在表达自我的层面，而不具备让他人倾听并理解的力量，那语言的沟通功能就缺失了。

　　很多人试图去影响他人时，好像在玩心理游戏，这种做法有失真诚，而且很容易让人反感。

　　真正会说话的人，不仅能快速表达自己的观点，还能有效捕捉别人的想法，从而自然赢得人心。赢得人心，是一种能力，更是一种可以通过训练获得的技能。如果你能够掌握并且熟练地运用它，你将会从中获得巨大的收获。

　　这本书给大家提供了一些人际交往的思路和角度，可以增强我们赢得他人理解和支持的能力。它不仅适用于想要培养表达能力、实现自我突破的初学者，也适用于积累了一定的沟通技巧、渴望获得进一步提升的人，它适用于所有需要推销自我、表述观点、说服他人、获得成功的人。

目录

第一章　DI YI ZHANG

你的情商高度，决定你的影响力

第二章　DI ER ZHANG

想要影响他人，先学会赢得朋友的心

第七章　DI QI ZHANG

洞察人心，把话说到对方的心窝里

第八章　DI BA ZHANG

学会高效沟通，才有深度影响

第一章
DI YI ZHANG

你的情商高度，
决定你的影响力

给人微笑，传递美好

谁不喜欢笑？笑是上帝赋予人类的一项特权，真诚的微笑可以拉近人与人之间的距离。试想，当你遇到一位陌生人正对着你笑时，你是否感觉到有一种无形的力量在推着你跟他认识？如果你看到的是一张"苦瓜脸"，你还会有好心情吗？你是不是只能对这种人避而远之呢？

微笑，可以消除人与人之间的隔阂、误会。当你跟朋友吵了一架之后，忽然有一天见面时，看到他给你一个真诚友善的微笑，你还能像刚吵完架似的对他憎恨不已吗？

笑，可以缓和紧张的气氛，调节庄重的氛围。在严肃的报告会上，在长时间的枯燥的课堂上，主讲人适当地开个小玩笑可以打破压抑沉闷的气氛，让人们心情放松，重新集中注意力。

笑，可以化解客人的不自在。当客人来访，我们以笑脸相迎，会使客人感到自由、轻松和愉快。

有句谚语说得好：微笑是两个人之间最短的距离。人际交往中离不开笑，一个没有笑的世界简直就是暗无天日的人间地狱。

笑，也是美的。就如盐之于食物，是生活中不可缺少的一部分；笑也是无声的语言，但是"无声胜有声"。

温馨来自笑脸，快乐来自笑脸，气质来自笑脸。用你的微笑去对待每一个人，那么你就会成为最受欢迎的人。

　　微笑，它不花费什么，但却创造了许多奇迹。它富裕了那些接受它的人，而又不使给予的人变得贫穷。它产生于一刹那间，却给人留下难以磨灭的印象；它创造家庭快乐，建立人与人之间的好感；它是疲倦者的港湾，沮丧者的兴奋剂，痛苦者的镇静剂。所以，假如你要获得别人的欢迎，请给人以真心的微笑。

　　当斯是底特律地区最受欢迎的节目主持人之一，他的影响并不仅仅局限于底特律，美国各地都有喜欢他的听众。

　　有的听众写信给这位声音里带着微笑的主持人，说他们已经听到了他的声音及他主持的节目，并且告诉当斯说，他们透过他的声音看到了他的微笑。

　　当斯经常"戴上一张快乐的脸"去工作，并不是暂时，而是经常，他把微笑加进他的声音，配合上帝赋予他的演说才能，使观众如沐春风。

　　当斯说："当你微笑的时候，别人会更喜欢你，而且，微笑会使你自己也感到快乐。它不会花掉你的任何东西，却可以让你赚到任何股票都付不出的红利。"

　　微笑是笑中最美的。对陌生人微笑，表示和蔼可亲；产生误解时微笑，表示宽宏大量；在窘迫时微笑，有助于化解沉闷和尴尬。微笑是一种健康文明的举止，一张甜蜜微笑的脸，会让人兴奋和舒适，带给人热忱、快乐、温馨、和谐、理解和满足。微笑展示你的气度和乐观精神，烘托你的形象和风度之美。

所有表情之中，最有魅力、最有作用的，当属微笑。

而真正因微笑走向成功的应首推美国的商业巨子希尔顿。

美国"旅馆大王"希尔顿于1919年把父亲留给他的1.2万美元连同自己挣来的几千元投资出去，开始了他经营旅馆的生涯。

当他的资产从1.5万美元奇迹般地增值到几千万美元的时候，他欣喜若狂，骄傲地把这一成就告诉母亲。

想不到，母亲却淡然地说："依我看，你跟以前根本没有什么两样……事实上你必须具备比这几千万美元更值钱的东西：除了对顾客诚实之外，还要想办法使来希尔顿旅馆的人住过了还想再来住。你要想出简单、容易、不花本钱而行之有效的办法去吸引顾客，这样你的旅馆才有发展。"

母亲的忠告使希尔顿陷入沉思：究竟什么办法才具备母亲指出的"简单、容易、不花本钱而行之有效"这四大条件呢？他冥思苦想，不得其解。于是他逛商店、串旅店，以自己作为一个顾客的亲身感受，得出了准确的答案——"微笑服务"。这无可挑剔地同时具备母亲提出的四大条件。

从此，希尔顿实行了微笑服务这一独创的经营策略。每天他对服务员说的第一句话都是："你对顾客微笑了没有？"他要求每个员工不论如何劳累，都要对顾客报以微笑，即使在旅店业务受到经济萧条的严重影响的时候，他也经常提醒职工记住："万万不可把我们心里的愁云写在脸上，无论旅馆本身遭遇的困难如何，希尔顿旅馆服务员脸上的微笑永远是属于顾客的阳光。"

因此，经济危机后幸存的 20% 旅馆中，只有希尔顿旅馆服务员的脸上带着微笑。当经济萧条刚过，希尔顿旅馆就率先进入新的繁荣时期。

微笑在社交中是能发挥极大功效的。无论在家里、在办公室，甚至在途中，只要你不吝惜微笑，立刻就会收到你意想不到的良好效果来。难怪有许多专业推销员，每天清早洗漱时，总要花两三分钟时间，面对镜子训练自己的微笑，甚至将之视为每天的例行工作。

"笑是人类的特权。"微笑是人的宝贵财产。微笑是自信的动力，也是礼貌的象征。人们往往依据你的微笑形成对你的印象，从而决定对你所要办的事的态度。只要人人都献出一份微笑，办事将不再感到困难重重，人与人之间的沟通将变得更为容易。

有些人在与人初次见面时，通常会有一种不安的感觉，存有戒心。唯有真挚友善的微笑，可以消除这种初次见面的心理状态。微笑是友好的象征，是人际关系的润滑剂，一个人脸上时常浮现微笑，会令人感到心中十分温暖。生活中许多人对于不带微笑的寒暄，极易产生不快的感觉。但假如我们有求于别人，遭到别人微笑拒绝，我们也不至于太过分地抱怨。因为同样是拒绝，如果对方虽然礼貌，却无半点笑容，我们就会觉得受到冷遇，不愉快的情绪也就油然而生。

卡耐基在社交总结中发现，很多人在社会上站住脚是从微笑开始的，还有很多人获得极好的人缘也是从微笑中获取的，很多人在事业上畅行无阻也是通过微笑获得的。微笑是十分神奇的东西，它能在生活中荡开一层层涟漪，让生活的湖泊产生一种源自于生命深处的美感。

任何一个人都希望自己能给别人留下好感，这种好感可以创造出一种轻松自由的气氛，可以使彼此结成和谐的联系。一个人在社会上就是靠这种愉快的联系才得以立足的，而微笑正是打开愉快之门的金钥匙，正是面对人生的最好的勇气。

如果微笑能够真正地伴随你生命的整个过程，就会使你超越很多自身的局限，获得很多人生真正的财富，使你的生命由始至终春意盎然。

1. 微笑可以以柔克刚

法国作家阿诺·葛拉索说："笑是没有副作用的镇静剂。"办事时，遇到的人可能有脾气暴躁者，有吹毛求疵者，有出言不逊、咄咄逼人者，也有与你存有隔阂芥蒂者，对付这些"难对付之人"，含蓄的微笑往往比口若悬河更令人信得过。面对别人的胡搅蛮缠、粗暴无礼，只要你微笑冷静，你就能稳控局面，用微笑化解对方的怒意，化解对方的攻势，从而以静制动，以柔克刚，摆脱窘境。我国乒乓球选手陈新华在一次与瑞典选手的比赛中总是面带微笑。也正是这微笑，使他在最后的关键时刻，镇定自若，愈战愈勇，使对手束手无策，手忙脚乱，成为他的手下败将。

2. 微笑是缓和气氛的"轻松剂"

当客人来访或是你走入一个陌生的环境，由于感到陌生或羞涩，往往会端坐不语或拘谨不安。此时，微笑能使紧张的神经松弛，消除戒备心理和压抑感，使人们之间产生信任感和和谐感。记住：要使他人微笑，你自己必须先微笑。

3. 微笑是吸引他人的"磁铁"

社交中，人们总是喜欢和个性开朗、面带微笑的对象交往，而对那些个性孤僻、表情冷漠之人，则总是敬而远之。优秀的电视节目主持人、公关小姐、售货员、政工干部，他们深受人们喜欢的奥秘，就是他们动人的微笑。

4. 微笑是深化感情的"催化剂"

有人说，微笑是爱情的"催化剂"，是家庭的"向心力"，是人际交往的"润滑剂"。微笑能给人以美的滋润，微笑又是向他人发出的宽容、理解和友爱的信号，面对这样的表示，又有谁会拒绝呢？

5. 微笑是开启心扉的"钥匙"

一个偷窃寝室同学衣服的女学生被叫到了老师面前。老师面对这位红着脸低着头的学生，微笑注视良久后，只轻轻说了一句话："还是由你自己说吧！"学生立即哭了，并主动承认了错误。试想，假若这位老师大动肝火，结果又会怎样？在这里，微笑既是对对方的宽容和理解，也是对对方的教育和诱导，更是对对方含蓄的谴责和批评。

学会微笑吧！

当你面对镜子眉头紧锁，镜中的人也愁眉苦脸；你阳光般灿烂一笑，他同样也阳光灿烂。这样的道理用到人际交往中，就叫作镜子效应。我们都是普通人，每天的心情写在脸上，但必须记住，如果缺乏春风般的微笑，你将无法与别人和谐相处。

好的开场白，好的后续

人心是很微妙的，同样是与人交谈，有的说话方式会令对方厌烦，而有的说话方式却会令对方不由自主地产生想要亲近之感。卡耐基告诉人们，若想把自己表现得更好，形成圆满的人际关系，就应善加利用"卷入效果"——常用"我们"一词。

用"我们"将是一个最好的开场白，把对方无形之中拉进了自己的圈子，就算对方想走也得找个合适的理由。用"我们"不仅缩短了彼此间的距离，还促进了彼此间友好的关系，要对对方动之以情，主动地先去了解对方的苦恼与欲求。这种了解作用，心理学上称为"共感"，或称"感情移入"。要记住的是，你必须先对对方表示"共感"，对方才会对你表示"共感"。所以，你必须首先做出"共感"的姿态，这种姿态一旦演习熟了，也就会真正产生出彼此的"共感"来。

好的开场白，除了距离的问题外，也必须投对方之所好，从兴趣下手。

凡是拜访过美国前总统西奥多·罗斯福的人，无不对他广博的知识感到惊讶。无论对一个牧童、猎人、纽约政客，还是一位外交家，罗斯福都知道该同他谈些什么。那么罗斯福是如何做到这一点的？

其实答案很简单。无论什么时候，罗斯福每接见一位来访者，他都会在这之前的一个晚上阅读这个客人所感兴趣的材料，以便见面时找到令对方感兴趣的话题。

这就是与人沟通的诀窍，即谈论他人感兴趣的事情，因为兴趣是具有感染力的。

兴趣，在人际圈中是一把无形的利剑，可以斩断任何难缠的荆棘。

有时候一般的交谈是由"闲谈"开始的，说些看来好像没有什么意义的话，其实就是先使大家轻松一点，熟悉一点，造成自由交谈的气氛。

当交谈开始的时候，我们不妨谈谈天气，而天气几乎是中外人士最常用的普遍的话题。天气对于人生活的影响太大了，天气很好，不妨同声赞美；天气太热，也不妨交换一下彼此的苦恼；如果有什么台风、泥石流或是季节流行病的消息，更值得拿出来谈谈，因为那是人人都希望了解的。

如果你到了一个朋友家里，在客厅里看到他孩子的照片，你就可以和他谈谈他的孩子；如果他买了一台新的电脑，你就可以和他谈谈电脑；如果他的窗台上摆着一个盆景，你就可以跟他谈谈盆景；如果他正胃痛，你就可以跟他谈谈胃和胃药，关心对方的健康，往往是亲切交谈的极佳话题。

当然，即便掌握了对方的兴趣，找好了谈话的素材，也不一定就意味着会有一个好的开场白，所以每一个人都希望自己具有从容自如的谈话信心，希望自己能展示超凡脱俗的说话魅力。但是，我们须知，说话的信心和魅力如何，与说话的水准和技巧是休戚相关的。敢于说话而不善于说话，不行；善于说话而不敢说话，更不行。只有既敢于说话又善于说话，才能如虎添翼，锦上添花，产生很好的交际效果。

由此可见，一个人的谈吐可以充分体现其魅力、才华及修养。除了敢于说话又善于说话外，还得注意自己说话时的一些附带品。首先，谈话前须经过思考，信口开河、文不对题会给人一种不认真和啰唆的感觉。其次，要学会倾听。交谈中要细心观察和分析对方的兴趣和个性，注意耐心地倾听。随便插话、东张西望、心不在焉既不礼貌，也会令对方产生反感。再次，注意表达的艺术，节奏不要太快，语调应抑扬顿挫，有跌宕的音乐美感。摇头晃脑、指手画脚等不大方的动作应尽量避免。另外，用词要注意文明。还有，要保持真诚、热情、大方的交谈态度，虚情假意、言不由衷、傲慢自大、口是心非、躲躲闪闪、转弯抹角、冒昧发问、多嘴多舌等都会破坏交往的形象和谈话气氛。

好的态度有如磁石，吸引着朋友和听众；不友好的态度有如恶臭，使别人掩鼻躲避。

我们平等地对待他人，我们聆听既沉闷又无趣的谈话，因为，他们的内容也自有一套道理。不要咄咄逼人地追问问题。要试着在陌生人身上寻找特别的美丽，然后真诚地称赞他们。要以友好的态度让陌生人谈到自己，以便进一步认识他们。

我们每天都可能会出现在不同的场合，而在不同的场合我们都需要说上几句合适的话。如果这几句话说得恰到好处，那就能帮我们很大的忙，帮我们解决许多问题，克服许多困难，消除许多麻烦，对我们的工作、生活都大有益处。

总之，我们每个人都要下苦功夫增强一下自己的说话信心，提高一下自己的说话魅力。因为只有如此，才能避免在社会活动中出现失败，才能避免在工作、生活上遇到很多困难，才能促进自己事业的成功，使自己的生活变得五彩斑斓、舒心愉悦。

如何增强说话的信心和说话的魅力呢？

1. 积累交谈的题材

无论你多么善于及时发现适合交谈的题材，你毕竟也需要对谈话的题材有相当的积累，否则，巧妇难为无米之炊。

做一个现代的有文化有素养的人，应当每天读书，同时从网络、报刊、广播里，你也可以吸收一些有用有趣的信息。你还可以去听演讲，去参观展览会，看戏、看电影、听音乐家的演奏，参加当地各种的社会活动。另外，对于当前许多重要的事件，给予密切的关注与不断的关心。

倘若把你所想到的一切与你个人的生活经验相结合，那么，你交谈的内容就更丰富生动了。每一个人的生活里都有许多可以打动别人的事情，倘若其中有些事情正和大家谈的题材有关，把它拿出来作为谈资，这时，交谈的内容就因为加进了个人亲身经历的材料而使人觉得更亲切。

2. 用寒暄语扣住对方的心弦

一般而言，寒暄被认为是个单纯的礼仪，但如果其中能加入些了解对方所处立场的话题，那么寒暄就不只是打招呼，而是一种感情的投入。

由于现代生活的快节奏，人们的时间变得越来越宝贵，寒暄就显得尤为重要，寒暄可以用夸奖的方式，招呼、点头的方式，询问的方式，等等，方式运用得当，会让你无往不利。

要使你的语言吸引人，那么从一开始就应该抓住开场白。

有很多人不太善于抓住谈话的开端，认为与初见面的人谈话是一件苦差事，因而总是不太喜欢先开口。那么，这些人为何不敢去抓住谈话的开端呢？

一言以蔽之，就是他们的内心有一种错误的想法，认为要交谈，就必须使这场谈话完美无瑕，否则不如不谈。换句话说，他们的心里始终想着：如果讲一些无关紧要的废话，必定会遭到对方的讽刺；如果讲一些不痛不痒的话，那么对方一定会觉得索然无味……就是因为心存这些念头，所以他们才不敢轻易地开口。

其实，要使交谈能够开花结果，首先必须把内心的疙瘩除去，不必太过于担心对方的心意和期待，想到哪儿，就说到哪儿，如此就打开话匣子了。事实上，不管是多么能说会道的人，也不见得从头到尾都能够妙语生花。或许在神经放松之后，才有一些动人心魄的言辞出现呢！

幽默，让你在交际中游刃有余

幽默大师林语堂曾说："达观的人生观，率直无伪的态度，加上炉火纯青的技巧，再以轻松愉快的方式表达出你的意见，这便是幽默。"

幽默的力量体现在它可以润滑人际关系，消除郁闷，解除人生压力，提高生活的格调。它可以使我们和他人相处时不至于压抑；它可以化解冰霜，使我们获得益友；它还可以使我们精神振奋，信心陡增，使我们脱离不愉快的境地。

我们最好凭着幽默的力量，以表现谦虚、关注他人来成就伟大。

有一位年轻人刚刚当上了董事长。上任第一天，他召集公司职员开会。"我是杨皓，是你们的董事长，"他先做了自我介绍，然后话峰一转打趣道，"我生来就是个领导人物，因为我是公司前董事长的儿子。"参加会议的人都笑了，他自己也笑了起来。他以幽默来证明他能以平等的态度来看待自己的地位，并对之具有充满人情味的理解。实际上他委婉地表示了：正因为如此，我更要跟你们同甘共苦，让你们改变对我的看法。

不过，一个幽默感十足的人，他最大的魅力并不止于谈吐风趣、会说话而已，他还能在紧急关头发挥才能，以一种了解、体谅的态度来待人处事、化解僵局。

美国马萨诸塞州议会某议员，因劝告一位正在发表冗长而乏味演讲的议员结束演讲，而被对方斥责"滚开"。他气冲冲地向议长申诉，议长说："我已查过法典了，你的确可以不必滚开！"

幽默的魅力不光体现在语言上，在现代人际交往中，幽默感越来越重要，甚至被誉为没有国籍的亲善大使。无论你从事什么职业，幽默都能使你顺利地渡过难关，在社交场合建立起和谐的人际关系，让你成为一个能克服困难的、乐观的、能得到别人喜欢和信任的、在交际场中游刃有余的人。

人人都喜欢和机智风趣、谈吐幽默的人交往，而不愿和动辄与人争吵的人，或沉默寡言、言语乏味的人来往。幽默，像一块具有强磁场的磁石吸引着大家；像一种转化酶，使烦恼变为欢畅，使痛苦变成愉快，将尴尬转为融洽。

人际交往中，磕磕绊绊是经常的事，遇到棘手的问题或尴尬的局面，恰当地运用幽默，能产生出乎意料的效果。

幽默还可以让人放松心情，拉近彼此的距离。发生争执的时

深度影响——如何自然地赢得人心

候，适时的笑话又可以化干戈为玉帛。

有时我们确实需要以有趣并有效的方式来表达自己的感情，给人们提供某种关怀和温暖。

尽管幽默魅力无穷，但也有不少人的观念中存在这样一个误区：幽默是对外的，是社交场合不可缺少的元素，至于亲人，特别在家里，一本正经就够了。其实，现代家庭就是一个小社会，自己人之间也需要包括幽默在内的各种润滑剂，不然，家庭的活力就会消失。

夫妻无疑是家庭的核心，夫妻和谐是家庭幸福美满的基础。不能把相濡以沫或恩恩爱爱当作夫妻关系的唯一表达方式；父母与子女之间也不仅仅是板着面孔的严肃与恭敬孝顺的对应。幽默与相敬如宾并不矛盾，情意绵绵中的幽默更是不可缺少，至于化解尴尬、消除矛盾，更是幽默的神奇功能。适宜的幽默，会使你的家庭运行得更加顺畅，让你的家中充满欢声笑语。

正如劳伦斯所说："世俗生活最有价值的就是幽默感。作为世俗生活的一部分，爱情生活也需要幽默感。过分的激情或过度的严肃都是错误的，两者都不能持久。"

对于一对恋人来说，双方之间的默契和幽默具有一种特殊的功效：它使双方在片刻之中发现许多共同的美妙事物——从前的、现在的、将来的，从而使时间和空间暂时原封不动，只留下美好的回忆。

可以这么说，如果爱没有幽默和笑，那么爱有什么意义呢？

甚至有人说，幽默是爱的源泉。

幽默也可以是文雅的，切忌在交际中开低级趣味的玩笑，并以此为幽默，因为低级趣味的玩笑形如嘲讽。有时一句普通的讥讽会使人反目成仇，所以在社交场合中，幽默应该显示人的高尚、高雅才好。

在社交场上，幽默不是无孔不入的，应恰如其分，因时因地制宜。比如大家正聚精会神地在讨论研究一个具体问题，你突然插进了一句全无关系的笑话，不但不能令人发笑，反而使人觉得讨厌。

怎样才能保证自己"幽默常在"呢？请你在日常生活中多做幽默"深呼吸"。

1. 心中充满幽默思想

对生活丧失了信心的人不可能再运用幽默的资本，整天垂头丧气的人也无法体会幽默的妙用。因此，能够幽默的人首先应该充满对生活的期望和热爱，自信地对己对人，即使身处逆境也应该快乐。

要使自己变得幽默，首先要有乐观的思想，乐观不仅可以让自己变得幽默，还可以让别人幽默起来。怎样才能保有"乐观"呢？秘诀之一是自娱自乐。这一点每个人都会，但最好不要敷衍了事。心情忧郁时，找点自己愿意做的事，使情绪转向欢乐的方向。

2. 收集资料

幽默是可以学习的，因此为了开发自己的幽默潜能，就必须先进行资料收集。多读些民间笑话、搞笑小说，多看一些喜剧，多听几段相声，随时随地收集幽默笑话。你可以将幽默、有趣的文章剪贴，并加以分类整理。

周围世界中充满了幽默，你得竖起耳朵、睁大眼睛，去倾听，去收集。这儿有两则生活中极幽默的广告："欢迎顾客踩在我们身上！"这是瓷砖和地板商店门口的广告。另一则是花店门口的广告："先生！送几朵鲜花给你所爱的女人吧，但同时别忘了你太太。"

幽默来源于两个世界，一个是你真诚的内心世界，一个是你所生活的客观世界。当你用智慧把两个世界统一起来，并有足够的技巧和创造性的新意去表现你的幽默力量，你就会发现自己置身于趣味的世界中，人际关系由此顺畅起来，成功似乎也指日可待了。

时刻敬人三分，所得必是人敬三分

每个人都希望自己得到别人的尊重，获得别人的肯定，但要做到这一点却并不容易。人与人之间的交往在于"互酬"——如果你要别人尊重你，你就要先尊重别人。

英国谚语云：善始者方有善终。第一印象的重要性不言而喻。你与人打招呼的方式、介绍别人或自我介绍的方式很可能决定着以后整个交往顺利与否。倘若你留给人的第一印象不佳，那么你可能需要花费很大的力气才能重新塑造你的形象。

敬语和谦语的适当运用，让人觉得你彬彬有礼，很有修养。它可以使互不相识的人乐于相交，使朋友增进友谊；请求别人时，可以使人乐于给予帮助；发生矛盾时，可以获得谅解，避免争吵；洽谈业务时，使人乐于合作；批评别人时，可以使对方诚恳接受。

你可以尝试一下，把尊重放在天平上，使别人觉得自己重要，如同你以为自己重要一样，这样你得到的也会很多。

尊重人，就是要把别人作为重要人物对待，而不能轻视他。只有尊重别人，别人才会尊重你。

种瓜得瓜，种豆得豆，这条谚语所蕴含的哲理运用到社会交往中很是恰如其分。你尊重了你的观众，那你得到的就是观众对你的掌声和拥护。

你尊重别人，别人也会尊重你；你喜欢别人，别人也会喜欢你。让别人喜欢你，实际上，这就是你喜欢别人的另一个侧面。美国著名学者威尔·罗杰斯曾经说过一句很有名的话："我从没遇到一个我不喜欢的人。"这句话或许有一点夸张，但对威尔·罗杰斯来说确实如此。这是他对人们的感觉，正因为这样，人们也都对他敞开心怀。

当然，有时也会因为彼此想法不同，使得你要喜欢某个人格外困难，这是很自然的事。有的人生来就比别人更招人喜爱。但是，我们知道，每个人确实都有他值得尊重，甚至可爱的秉性。

在人际交往中尊重别人的人格是赢得别人喜爱的一个重要条件。人格，对每个人来说，都是最宝贵的。对每个人来说，他都有这样一个愿望：使自己的自尊心得到满足，使自己被认可、被尊重、被赏识。如果你不尊重他的人格，使他的自尊心受到了伤害，当时，他或许会一笑了之，但是，你却严重地打击了他。事实上，如果你表示出了对他的不尊重，即使他当时对你还是很友善，但是，如果他不是一个精神境界极高的人，他以后是不会喜欢你的。这样，你就"赢得了战场，而输掉了战争"。

相反，如果你满足了他的自尊心，使他有一种自身价值得到实现的优越感，那么，这表明你很尊重他的人格，你帮助他获得了自我实现。他因此会为你所做的一切表示友好，对你有一种感激之情，他便会喜欢你。

一些高明的政治家是精于此道的。为了笼络人心，赢得别人的拥护和支持，他们绝不轻易伤害别人的自尊和感情。一位评论华盛顿政治舞台的专家指出："许多政客都能做到面带微笑和尊重别人，有位总统则不止于此。无论别人的想法如何，他都会表示同意。他会盘算别人的心思，并且能掌握这些心思的动向。"

不要贬低别人的人格，不要刺伤别人的自尊心，因为，只有尊重别人，别人才会喜欢你。你满足别人的精神需求，别人才会满足你的精神需求。

尊重自己的朋友，就意味着尊重你自己，也会获得朋友的尊重。每个人都有自己的忌讳，或明或暗，此时，你应当细心些，仔细揣摩就能够发觉你需要注意的。

尊重别人不是耍耍嘴皮子就可以了，你必须付诸行动。你可以按照下面几点去做：

1. 不要总是自命清高，容不下别人的批评和建议

对于别人的批评和意见，你要虚心接受，即使有不对的地方，你也不要当面反驳。不要什么事都认为自己正确，你应该学会站在别人的立场考虑问题，这样就会改变你固执的做法。

2. 对你周围的人要宽容

别人一不小心得罪了你，并再三向你道歉，你却仍然骂骂咧咧，得理不饶人，结果只会导致你们之间的关系越来越疏远，最终失去一个朋友或能做你朋友的人。

3. 不要在别人面前装出一副冷漠的神情

你冷漠地对待别人，别人会以为你瞧不起他。如果你周围的人诚恳地向你征求意见或诉说苦闷，你却显出一副心不在焉、不感兴趣的样子，即使你心里并没有不尊重对方的意思，可你的行为已经伤了对方的心。

4. 不要贬低别人的工作能力

当你周围的人在某一方面做出成就时，你应该给予适当的赞扬，而不是对其成就进行有意无意的贬低。即使你周围的人工作能力不强，你也不要贬低，否则不但会影响你们的交往，甚至会激起更深的矛盾。

赞美，天下最美的语言

　　根据调查显示：良好的人际关系是事业成功的要素。成功学家卡耐基告诉我们，与人相处的最大诀窍是给予真诚的赞美。可以说，赞美别人加上你聪明的脑袋和实干的精神，你的事业离成功就不远了。

　　赞美别人是一种有效的情感投资，而且投入少、回报大，是一种非常符合经济原则的行为方式。对领导的赞美，让领导更加赏识与重用你；对同事的赞美，能够联络感情，使彼此愉快地合作；对下属的赞美，能赢得下属的忠诚，换得他们的工作热情和创造精神；对商业伙伴的赞美，能赢得更多的合作机会，赚得更多的利益；对妻子或丈夫的赞美，使夫妻感情更加甜蜜；对朋友的赞美，则能加深友谊。

　　人类有一个共同的弱点，那就是爱慕虚荣，其特点是他们在做觉得没有多大把握的事情时，往往极乐意看到自己在这些没什么把握的事情上表现不凡，获得别人的称赞。当你对他们这些没把握的事情中的任何一件加以赞扬时，都会产生你所期望的功效。

　　吉斯菲尔告诉我们："几乎所有女人，都是很质朴的，但对仪容妩媚，她们是至深偏爱、孜孜以求的。这是她们最大的虚荣，并且常常希望别人赞美这一点。但是对有沉鱼落雁之容、闭月羞花之貌的倾国倾城的绝代佳人，那就要避免对她容貌的过分赞誉，因为她对于这一点已有绝对的自信。如果，你转而去称赞她的智慧、仁慈，如果她的智力恰巧不及他人，那么你的称赞，一定会令她芳心大悦、春风满面。"

林肯自己也说："一滴蜜糖比一斤苦汁能捕获到更多的苍蝇。"

人不分男女，无论贵贱，都喜欢听合其心意的赞美。同时，这种赞美能给他们加倍的自信的感觉。这的确是打动人的有效的策略。

人们对赞美是极乐意接受的，对背后的言语是敏感的，再自信的人也在乎别人的评价和看法，人人都希望自身的价值能得到客观的赞同，尤其是女性，背后的话，对她们的影响力更大。

赞美就像浇在玫瑰上的水；赞美的话并不费劲，却能成就大业。我们要下定决心努力对自己的亲人、朋友甚至身边的每一个人加以赞美，并把它变成一种习惯。

卡耐基提醒我们，说句好话轻而易举，只要几秒钟，便能满足人们内心的强烈需求，注意看看我们所遇见的每个人，寻觅他们值得赞美的地方，然后加以赞美吧！

这是卡耐基对我们的忠告，我们应该在日常工作和生活中大力去践行。

赞美的话都应该说出来，让对方知道，如果你以为埋在心里就行了，那就大错特错了。

有对夫妻，先生每天早晨有边吃早餐边看报的习惯。有一天，当他叉起食物往口中放的时候，觉得不像往常，赶紧吐出来，仔细一瞧：竟然是一段菜梗！他立刻把妻子喊过来。妻子说："喔！原来你也知道煎鸡蛋与菜梗不同啊！我为你做了20年的煎鸡蛋，从不曾听你吭过一声，我还以为你食不知味，吃菜梗也一样呢。"

由此可见没有表达出来的赞美，是没有人知道的。

真诚的赞美很容易打动对方的心，但有时候直接赞美却有可能引起对方警觉，令其存有戒心，觉得你是因为有所企图才这样阿谀逢迎，溜须拍马。所以，借他人之口进行赞美确是一种很好的方法。例如说："别人都说你……故我今天特来请教。"言下之意，这不是你一个人的评价，而是大家的评价，无形之中扩大了被赞美者的声誉，效果更佳。

那么，如何真诚地利用天下最美的语言去赞美别人呢？

1. 出自真诚，源自真心实意

人们慨叹赞美别人难，是因为太在乎自己，即使赞美，也不是出自真心。古语说："精诚所至，金石为开。"只有真诚的赞美，才能使人感到你是在发现他的优点，而不是以一种功利性手段去掠夺他的利益，从而达到赞美的最高目的。

2. 从小处着眼，无"微"不至

人们常说，勿以善小而不为。赞美别人时，也要"勿以善小而不赞"，因为凡夫俗子不可能有许多大事值得赞美，千万不要吝啬，一定要慷慨地从小事上称赞别人。

一位商场的警卫在巡逻时发现库房门口的灭火器坏了，马上报告给经理，经理派了有关负责人换上新的。几个月过去了，谁也没把这事放在心上。有一天，库房突然失火，所幸被及时扑灭了。事后，经理想到了那位细心的警卫，如果不是他发现灭火器已坏并及时报告，公司库房就有可能遭受损失。于是，经理在事后的救人表彰大会上表扬了这位警卫，并代表公司向其致谢，号召其他职工向他学习。事隔数月，经理居然还能记得警卫的报告，这着实让警卫心里感到温暖，以后警卫在工作中更加尽心尽力了。

3. 知己知彼，伺机赞美

赞美之前，必须对被赞美者的基本情况了如指掌，比如对方的优点和长处，对方的缺点、弱点，还要熟悉对方的爱好、志趣、品格等，这样才能避免泛泛而谈或者无话可说。知己知彼，方能百战不殆。

要赞美对方引以为豪的事情。在一个人的人生道路上，有无数让他引以为豪的事情。真诚地赞美这些事情，可以使你更好地与人相处，可以使他人容易接受你的赞美，更可以使他人感到幸福。对于一位老师，可以称赞他教过的学生；对于一位默默无闻的母亲，可以称赞她很有出息的孩子；对于一位老人，可以称赞他一生事业的成功之处。

4. 赞美要及时

不能等人家走了，才发挥你的口才，那样子你是在对空气说话，已经无济于事了。

5. 赞美要公平、公正

不能把对别人的赞美夸大化，要实事求是，以事实为依据，进行客观公正的评价。

6. 赞美切忌空洞化

赞美绝不能空穴来风，无中生有，必须有实际的东西。

7. 赞美要得体

赞美还要注意配合对方的身份、地位、职业等，使对方乐意接受，令人听起来不是在溜须拍马。

多一点含蓄，多一点谦逊

在卡耐基看来，真正的谦逊，是人类最好的德行。因为谦逊的人有自知之明，知道在这广大的世间、复杂的社会里，他的智慧和能力实在太简单太渺小，不足以解决一切问题，他只能尽他的能力做好他职责以内的工作，用他的智慧勇敢地去研究他所不能解决的问题。偶有所得、偶有成就，他绝不夸耀，因为他知道他的所得和成就，与过去别人的所得和成就比较起来太渺小，太微不足道。这样积极、谦逊的人，才是人类中最高尚、最可钦佩的人。

越是含蓄谦逊的人，别人就越容易去接受他，因为这样的交往很是轻松自如，而且耐人寻味。总听人家说起，有的人"很难同他打交道""他很难接近"。这样的人在交往中往往会遇到难以克服的障碍。一个平易近人的人很好相处，而且言谈举止都很自然。他会营造一种舒适、愉快、友好的氛围。

谦虚谨慎是每个人必备的品德，具有这种品德的人，在待人接物时能温和有礼、平易近人、尊重他人，善于倾听他人的意见和批评，能虚心求教，取长补短。对待自己有自知之明，在成绩面前不居功自傲；在缺点和错误面前不执迷不悟，能主动采取措施进行改正。

不论你从事何种职业，担任什么职务，只有谦虚谨慎，才能保持不断进取的精神，才能增长更多的知识和才干。

谦虚谨慎的品德能够帮助你看到自己的不足，永不自满，不断前进；可以使你冷静地倾听他人的意见和批评，谨慎从事。否则，骄傲自大、故步自封、主观武断，轻则使工作受到损失，重则使事业毁于一旦。

孔子说："三人行，必有我师焉。"你遇到的每一个人，都可能比你高明，所以，让他明白，你承认他在这个世界上的优势，并且是真诚地承认——这是打开他心扉的可靠钥匙。

爱默生说过："我遇到的每一个人都在某方面超过了我。我努力在这方面向他学习。"

但不幸有这样一些人，他们没有充足的根据就认为自己是杰出的人，还为此自吹自擂。莎士比亚说得好："人，高傲的人！只要得到一丁点权力，就要玩弄阴谋诡计，甚至可以迫使天使哭泣。"

欧洲有一著名格言："愈是喜欢受人夸奖的人，愈是没有本领的人。"反之，我们也可以说："愈是有本领的人，愈是要表现得谦逊。"在与人相处时，要懂得谦虚，若一味自吹自擂，只会招人白眼、惹人生气，这又何苦呢？

美国南北战争时，北方的格兰特将军和南方的李将军率部交锋。最终南方军队一败涂地，李将军还被送到爱浦麦特城去受审，签订降约。格兰特将军立了大功后，是否就骄傲放肆、目中无人起来了呢？没有！他是一个胸襟开阔、头脑清醒的人，他没有做出这种丧失理智的行为。

他很谦恭地说："李将军是一位值得我们敬佩的人物。他虽然战败被擒，但态度仍旧镇定异常。像我这种矮个子，和他那六尺高的身材比较起来，真是相形见绌，他仍是穿着全新的、完整的军服，腰间佩着政府授予他的名贵宝剑；而我却只穿了一套普通士兵穿的服装，只是衣服上比士兵多了一条代表中将军衔的条纹罢了。"

含蓄谦逊，是一种巧妙和艺术的沟通方式。在生活中，当我们想表达内心的强烈愿望，但又觉得难以开口时，不妨借助于"含蓄谦逊"。含蓄谦逊是一种情趣、一种修养、一种韵味。缺少情趣、缺乏修养、没有味道的人，难有含蓄谦逊。

含蓄谦逊是一种魅力。无论在时装设计上，在戏剧故事里，还是在随意交谈中，含蓄谦逊都大有讲究。在某种意义上说，没有含蓄谦逊，就没有美好。

含蓄谦逊能够避免尴尬。运用巧妙的含蓄谦逊，好像什么都没说，实际上什么都说了。"不要让我把什么都说出来。"艺术家如是说。在艺术中，音乐的语言差不多是最含蓄的了。即使是最明快的音乐语言，其实，也还是含蓄的。

把自信"写"在脸上

如果你认为自己已经被打败，

那你就被打败了；

如果你认为自己并没有被打败，

那么你就并未被打败；

如果你想要获胜，但又认为自己办不到，

那么，你必然不会获胜。

如果你认为你将失败，

那你已经失败了，

因为，在这个世界上，我们发现

成就开始于人们的意识中——

完全视心理状态而定。

如果你认为自己已经落伍，

那么，你已经落伍——

你必须把自己想得高尚一点。

你必须先相信自己，

才能获得奖品。

生命的角逐并不全是，

由强壮或跑得快的人获胜；

但不管是迟是早，

胜利者总是那些认为自己能获胜的人。

拿破仑·希尔说，背诵这首诗将对你大有帮助，你可以把它当作是你发展自信心的一种武器及装备。

命运给我们在社会上安排了位置，为了不让我们在到达之前就丧失信心，它要让我们对未来充满希望。正是因为这样，那些雄心勃勃的人都带有强烈的自信，甚至到了让人难以容忍的地步，但这却是让他获得继续向前的动力。一个人的强烈自信预示着他将来的大有作为。

德国哲学家谢林曾经说过："一个人如果能意识到自己是什么样的人，那么，他很快就会知道自己应该成为什么样的人。但他首先得在思想上相信自己的重要，很快，在现实生活中，他也会觉得自己很重要。"对一个人来说，重要的是相信自己的能力，如果做到这一点，那么他很快就会拥有巨大的力量。

在大萧条时期，很多人失业。有个小男孩需要在暑假找份工作来交学费，便在报纸上努力地寻找相关的信息。终于他找到一个合适的工作，第二天一大早就赶去应聘。但当他赶到的时候，前面已经排了很长的队，而这个公司仅仅招聘一个人。看到这种情况，小男孩马上写了个纸条，找到负责接待的小姐，说："小姐，能帮我把这个纸条交给经理吗？"负责接待的小姐很诧异，但还是爽快地答应了，把纸条交给了正在面试的经理。经理打开纸条，上面写着："您好！请您在面试第 51 号之前不要做出任何决定，因为我是 51 号。"经理满怀好奇，想看看第 51 号究竟是个什么样的男孩，所以在面试第 51 号之前，他没有做出任何决定。最后的结果可想而知，经理录取了这个小男孩。没人会想到一个没有工作经验的小男孩，能打败那么多对手获得这份工作。然而就凭着他的自信，他成功了！

自信，是人的意志和力量的体现，是交际能力最重要的素质之一。而缺乏自信，常常是性格软弱和事业不能成功的症结，也是培养交际能力最大的心理障碍。

和人的任何一种精神素质一样，一个人的自信，也不是与生俱来的。它与人的思想素质的高与低、身体素质的强与弱、生活境遇的好与坏都有着直接的关系。自信，也是在为理想的奋斗与追求中，经过不断的实践逐步成长起来的。一个人具有强烈的自信，他必定是个敢于实践的人，不会以观望、等待的消极态度错失生活赐予的各种机会，而总是在创造着发展自己的机会；他也必定是个精神豁达、乐观大度的人，即便是受到了生活的磨难和挫折，也绝不会轻易低头认输，而总是满怀信心，知难而上，用自己的光和热去照耀生活、温暖生活，并给朋友带来信心、力量和希望。对于每一个职场人士来说，自信，永远是一种珍贵的精神品质。

很多人在沟通中缺乏信心的一个重要原因就是不知道自己在与什么人打交道。就像一位技工要修理不熟悉的电脑，他总会犹豫不决，每一个动作都表明他缺乏信心。而一位熟悉电脑的技工，由于他了解电脑的原理，他的每一个动作便都流露出自信。我们的沟通也是同样的道理，我们越是了解对方，与对方打交道时信心就越足。

只有自信与自尊，才能够让我们感觉到自己的能力，其作用是其他任何东西都无可比拟的。而那些软弱无力、犹豫不决、凡事总是指望别人的人，正如莎士比亚所说，他们体会不到也永远不能体会到自立者身上焕发出的那种荣光。

生活是复杂的，人生路上也处处有坎坷，对此应有充分的准备。这种准备包括思想的、学识的、身体的，等等，但特别要紧的则是自信心的培养。杰出的科学家居里夫人曾这样说过："我们的生活都不容易，但那有什么关系？我们必须有恒心，尤其要有自信心！我们必须相信我们的天赋是要用来做某种事情的，无论代价多么大，这种事情必须做到。"是的，人生的奋斗不可没有自信，自信伴随着人达到事业的高峰，涉过生活的海洋；自信，永远属于不懈进取、不断努力的人。

怀有一颗热忱友善的心

战国时期的名将吴起，很懂得笼络人心。有一次，军中一位士兵因生脓疮而痛苦不堪，吴起看到这种情景，俯下身去用嘴巴把脏乎乎的脓血吸干净，又撕下战袍把这个士兵的伤口仔细包扎好。在场的人无不被大将军的举动所感动。

这位士兵的老乡后来将这事告诉了士兵的母亲，老人听后大哭不已。别人以为是感动所至，老人的回答出人意料。她说："其实我不是为儿子的伤痛而哭，也不是为吴将军爱兵如子而哭。前年，吴将军用类似的做法为我丈夫吸过脓血。后来，我丈夫为报将军的恩德，奋勇作战，结果死在了战场上。这次又轮到我儿子，我知道他命在旦夕了。我为此而哭。"

"士为知己者死"，从人心收揽术上说，成功的秘诀也就在此。怀有一颗热忱友善的心，努力成为别人的知己，那在人心收揽上就达到一种很高的境界了。

没有一个人不知道水的力量，水可载舟，亦可覆舟。水的特质是柔性，所以水可包容万物，水倒入水沟里，可让水沟疏通；水冲入马桶中，可冲去污物与臭气；水喝入口中，可解渴；水浇在草木中，草绿花香；水用来洗脸洗手，可洗尽污垢。

一个人成功的因素很多，而居于这些因素之首的就是热忱友善。犹太学者阿尔伯特·呼巴德普说："没有一件伟大的事情不是由热情促成的。"好的母亲与伟大的母亲、好的演说家与伟大的演说家、好的推销员与伟大的推销员之间的差别，常常就在于热情的程度。

真正的热情不是你"穿上"以适合某种场合的衣服，它是生活的一种常态，而不是你用来打动人心的事物。它跟大声说话或多嘴无关，是内在感觉的一种外在表现。许多内心充满热情的人都相当平静，然而他们生命中的每一种特质、每一句语言与每一个行动，都证实他们热爱生命。

热情是源自内心的兴奋，渗透在全身的血液里。英文中的"热情"这个词是由两个希腊语词根组成的，一个是"内"，一个是"神"。事实上一个热情的人，等于是有神在他的内心里。热情也就是内心里的光辉——这种炽热的、催人向上的力量深存于每个人的内心。

俄罗斯的一位女大学生说她是凭借热情赢得工作的。她从秘书学校毕业出来，想找一份医药秘书的工作，由于她缺少这方面的工作经验，面试了好几次都没有成功，她就开始运用热情原则。在她去面试的途中，她给自己打气说："我要得到这个工作。我懂这个工作。我是一个勤快而好学的人，我能够做好这个工作。医生将会视我为不可缺少的人。"在进入办公室之前，她一再对自己重复这些话。她充满信心地走进办公室，并且热情地回答，医生也就雇用了她。几个月以后医生告诉她，当他看到她的申请上写着没有任何经验的时候，他决定放弃她，只是给她一次形式上谈话的机会而已，但是她的热情使他觉得应该试用她看看。她把热情带进了工作，最终成为一名很好的医药秘书。

麦克阿瑟在南太平洋指挥盟军作战的时候，办公室墙上挂着一块牌子，上面写着这样一段座右铭：

你有信仰就年轻，疑惑就年老；

你有自信就年轻，畏惧就年老；

你有希望就年轻，绝望就年老；

岁月使你皮肤起皱，但是失去了热情，就损伤了灵魂。

这是对热情最好的赞美。发挥热情的特性，我们就可以对我们所做的每件事情充满信心，把事情干得更漂亮。

也许你会说社交场合讲究的是方法、手段，你不认为真情是最重要的。但是，别忘了"路遥知马力，日久见人心"这句话，只有真情才能历久弥新，使友谊愈陈愈香。如果你始终以赤子之心与人相处，还担心朋友疏远你吗？如此久而久之，你就是社交场上最有实力的高手了。

假如你不崇尚热情与友善，试想你发起脾气，对他人说出一两句伤感情的话，你会有一种发泄的快感，但对方呢？他会分享你的痛快吗？你那充满火药味的口气，能使对方接受吗？

"如果你握紧一双拳头来见我，"威尔逊总统说，"我想，我可以保证，我的拳头会握得比你的更紧。但是如果你来找我说：'我们坐下，好好商量，看看彼此意见相异的原因是什么。'我们就会发觉，彼此的距离并不那么大，相异的观点并不多，而且看法一致的观点反而居多。你也会发觉，只要我们有彼此沟通的耐心、诚意和愿望，我们就能沟通。"

热情一点，友善一点，对每个人来说绝对没有坏处。

有一句富有魔力的话："您认为就该这样，关于这一点我丝毫不责怪您。如果我处在您的位置上，我也会这样认为。"借助于它可以杜绝争吵，消除隔阂并使他人认真听你的"演讲"。

这样回答可使最爱争辩的人态度平静下来。讲这些话时态度要真诚，因为如果你处于他的角度上，你的感受确实会像他那样。

朋友们，用你的热情和友善去关注你身边的每个人吧！

主动，才能建立良好的人际关系

社会是人的社会，人的所有成就，都要从人与人的接触中产生。别人供给你所需要的，也肯定你的贡献。你存在的价值建立在人们的回应上。

所以，你认识的人愈多，公共关系愈好，就愈容易成功！

现实就注定了你必须主动去营造你的人际关系网，主动出击也就意味着你成功了一半，而选择放弃，本来应该属于你的东西也就没你的份儿了。

有些事情是个人无法选择的。比如，你无法选择自己的父母，无法选择自己的亲戚，也无法选择自己出生的时间和空间。但是，在长大成人，尤其是经济自立之后，你可以自由选择营造你的交际圈，决定结交什么样的朋友，构成什么样的人际关系网。这是我们最大的自由。

实际上，许多人都囿于个人生活与工作的狭小范围，除了自家人和亲戚，还有那么几个同学、同事、朋友和熟人，人际关系网都是"顺其自然"、被动形成的。许多中年人和老年人一直过着"两点一线"的生活，就是几十年如一日只在家庭和工作单位之间来往。如今的青少年很是活泼，天南海北到处都是朋友。但作为个人有意识地选择和结交朋友，有意识地建立自己的信誉，经营人际关系的网络，依然寥寥无几。

经常会遇到这样一种场面：在生日宴会上，几个好朋友聚在一起欢天喜地地玩玩闹闹，而旁边有人只是一声不吭地吃着东西，没有加入到那些人的行列中。这样的人实际上是白白放弃了扩大自己交际圈的好机会。如果能主动争取和别人交流，那就会为自己开拓一个自己不了解的崭新世界，也会促进自己的成功。

那么，怎样才能和对方良好地交流呢？有这样一句话："对方的态度是自己的镜子。"在日常的人际交往中，有时自己感觉"他好像很讨厌我"，其实这正是自己讨厌对方的征兆。对方也会察觉到你好像不喜欢他，当然两个人就越来越讨厌彼此了。在出现这种情况的时候，自己要主动与对方交流，主动敞开心扉。

"对方愿意接近我，我也愿意和他交谈"，"对方如果喜欢我，我也喜欢他"。如果用这种被动的心态与人交往，那你永远也不会建立起和谐友好的人际关系。要想使自己拥有和谐友好的人际关系，使自己每天的心情都轻松愉快，毋庸置疑，那就应该采取积极主动的态度与人交流。

要想营造好的人际关系网必须强调主动。一切自卑的、畏首畏尾和犹豫不决的行为，都只能导致人格的萎缩和为人处世的失败。所以，拿破仑说进攻是"使你成为名将和了解战争艺术秘密的唯一方法"。

在交际中也是如此，主动进攻，可以使人了解到社会人生所具有的意义，也可以说，寻常人生交际，是一场不流血的、平静温和的战争。因此，主动进攻不仅是一种行为风格，更是一种主动谋略。

苏珊和玛丽是新进入公司的两名工程师，公司安排她们头6个月早上听课，下午完成工作任务。

苏珊每天下午都把自己关在办公室里，阅读技术文件，学习一些日后工作中可能用得着的软件程序。有的同事因手头忙碌请她暂时帮会儿忙时，都被她谢绝了。她认为，自己最关键的任务就是努力提高自己的技术能力，并向同事及老板证明自己的技术能力是如何出色。

而玛丽除了每天下午花两个小时看资料外，她把剩余的时间都花在向同事们介绍自己并询问与他们项目有关的一些问题上了。当同事们遇到问题或忙不过来时，她就主动帮忙。当所有办公室的个人电脑都要安装一种新的软件工具时，每个人都希望能跳过这种耗时的、琐碎的安装过程。由于玛丽懂得如何安装，她便自愿为所有电脑安装这个软件工具，这使得她不得不每天早出晚归，以免影响其他工作。包括苏珊在内的部分同事都把玛丽看作傻瓜。而实际上，玛丽不仅在实践中提高了自己的技术能力，还拓展了自己的交际圈。

5个月后，苏珊和玛丽都完成了工作安排。她们的两个项目从技术上讲完成得都不错，苏珊还稍显优势。但是经理却认为玛丽表现得更出色，并在公司高层管理人员会议上表扬了玛丽。苏珊听说后，一时想不开，就去经理办公室问经理，为什么受到表扬的是玛丽而不是自己。

经理说："因为玛丽是一个有主动性的工程师，善于为别人提供帮助，能够承担自己工作以外的责任，愿意承担一些个人风险为同事和集体做更多的努力。而你呢？"

苏珊禁不住红了脸，低下了头。

不管你所从事的是什么工作，习惯于守株待兔的人都会被淘汰出局。任何事都靠等待去完成，抱有这种态度的人最终只会一事无成。只有主动做事，才有成功的可能。

道理是这样，但消除不了人们心里对主动交往的误解。比如，有的人会认为"先同别人打招呼，显得自己没有身份"，"我这样麻烦别人，人家肯定反感的"，"我又没有和他打过交道，他怎么会帮我的忙呢"，等等。其实，这些都是害人不浅的误解，没有任何可靠的事实能证明其正确性。但是，这些观念却实实在在地阻碍着人们，阻碍了人们在交往中采取主动的方式，从而失去了很多结识别人、发展友谊的机会。

当你因为某种担心而不敢主动同别人交往时，最好去实践一下，用事实去证明你的担心是多余的。不断地尝试，会让你积累成功的经验，增强你的自信心，使你在工作场合的人际关系状况愈来愈好。

在谈话中，如果控制话题的主导权，你的压力就会减轻。要是主导权落入他人手中，谈话便不会像你希望的那样进展顺利。如果对方不怀好意，存心问些尖锐敏感的问题，你更是一味陷于挨打的境地了。此时，你会苦思如何回答问题，殊不知这样一来，正中了对方的圈套。

其实，这时恰是你反击的时候。你无须正面回答对方的问题；相反可以提出相关的问题，反过去征询对方的意见。据说，善于社交的高手，大都擅长使用这种"转话法"，以确保谈话时的主导权。

人在谈话时难免失言，而在关系重大的面谈时失言，可能造成不可挽回的后果。现实中，不管说错了什么话，即使是无伤大雅的话，一旦失言，人们的第一个反应就是慌乱，告诉自己"完蛋了"，瞬时热血直往脑门上冲，说话就更加语无伦次。其实面对这种情况，千万不能慌，要变被动为主动。

"你好"是个最普通的词，相错而过的车船上，人们可以彼此喊一声"你好"便再也不相遇。萍水相逢的人，可以因为喊一声"你好"而从此相识。

拥有丰富多彩的人际关系是每一个现代人需要的。可是，现实生活中，很多人的这种需要都没有得到满足。他们总是慨叹世界上缺少真情，缺少帮助，缺少爱，那种强烈的孤独感困扰着他们，使他们痛苦不已。其实，很多人之所以缺少朋友，仅仅是因为他们在人际交往中总是采取消极的、被动的交往方式，总是期待友谊从天而降。这样，虽然他们生活在人来人往的地方，却仍然无法摆脱心灵上的寂寞。这些人，只做交往的响应者，不做交往的主动者。

要知道，别人是没有理由无缘无故对我们感兴趣的。如果想赢得别人的友情，与别人建立良好的人际关系，摆脱寂寞的折磨，就必须主动交往。

第二章
DI ER ZHANG

想要影响他人，
先学会赢得朋友的心

深交靠得住的朋友，才能借力

法国作家罗曼·罗兰曾说过这样一段话："得一知己，把你整个的生命交托给他，他也把整个的生命交托给你。终于可以休息了：你睡着的时候，他替你守卫；他睡着的时候，你替他守卫。能保护你所疼爱的人，像小孩子一般信赖你的人，岂不快乐！而更快乐的是倾心相许、剖腹相示，把自己整个儿交给朋友支配。等你老了、累了，多年的人生重负使你感到厌倦的时候，你能够在朋友身上再生，恢复你的青春与朝气，用他的眼睛去体会万象更新的世界，用他的感官去抓住转瞬即逝的美景，用他的眼睛去领略人生的壮美……即便是受苦，也是和他一块受苦！只要能生死与共，即便是痛苦也成了快乐！"

没错，患难与共的朋友，才是真正的朋友。而真正的朋友是那种当你遇到困难的时候，能够全力相助的人。在你的朋友中，这种朋友绝对是必不可少的。

古代有一个叫荀巨伯的人，有一次去探望朋友，正逢朋友卧病在床。这时恰好敌军攻破城池，百姓纷纷携妻挈子，四散逃难。朋友劝荀巨伯："我病得很重，走不动，活不了几天了，你自己赶快逃命去吧！"

荀巨伯却不肯走，他说："你把我看成什么人了？我远道而来，就是为了看你。现在，敌军进城，你又病着，我怎么能扔下你不管呢？"说着便转身给朋友熬药去了。

　　朋友百般苦求，叫他快走，荀巨伯却端药倒水安慰说："你就安心养病吧，不要管我，天塌下来我替你顶着！"

　　这时"砰"的一声，门被踢开了，几个凶神恶煞般的士兵冲进来，冲着他喝道："你是什么人，如此大胆？全城人都跑光了，你为什么不跑？"

　　荀巨伯指着躺在床上的朋友说："我的朋友病得很重，我不能丢下他独自逃命。请你们别惊吓了我的朋友，有事找我好了。即使要我替朋友去死，我也绝不皱眉头！"

　　敌军将帅听说了荀巨伯的事迹，很是感动，说："想不到这里的人如此高尚，怎么好意思侵害他们呢？走吧！"敌军因此撤走了。

　　患难时体现出的情义能产生如此巨大的威力，说来不能不令人惊叹。这种朋友就是能够显示自己本色的人，他们能够与你真心交往，与你同甘共苦。他们有着丰富的精神世界，能帮助你不断地进取，成为你终生的骄傲。

　　这种靠得住的朋友一定要深交，因为他们是你人生中难得的"真金"，是你可以珍惜一辈子的挚友。正如纪伯伦曾说过的："和你一同笑过的人，你可能把他忘掉；但是和你一同哭过的人，你却永远不会忘记。"

结交几个"忘年知己"，友谊路上多份力

培根就曾这样论述过："青年的性格如同不羁的野马，藐视既往，目空一切，好走极端，勇于改革而不去估量实际的条件和可能性，结果常常因浮躁而冒险；老年人则比较沉稳。最好的办法是把两者的特点结合起来。"这样，年轻人就可以从老年人身上学到坚定的志向、丰富的经验、深远的谋略和深沉的感情。而且，老年人丰富的人际关系资源，可以为年轻人提供更多的门路。

罗曼·罗兰23岁时在罗马同70岁的梅森堡夫人相识，后来梅森堡夫人在她的一本书中对这段忘年交做了深情的描述："要知道，在垂暮之年，最大的满足莫过于在青年心灵中发现和你一样向理想、向更高目标的突进，对低级庸俗趣味的蔑视……多亏这位青年的来临，两年来我同他进行最高水平的精神交流，通过这样不断的激励，我又获得了思想的青春和对一切美好事物的强烈兴趣……"

这就是我们常说的"忘年之交"。一方面它是一种心灵相通，另一方面也具有现实的意义。老年人往往非常喜欢与人交往，以获得尊重，同时，老年人也希望通过帮助别人来获得自我价值的实现。

崔明明一人独自来到北京，到北京大学作家班学习。通过上课，他认识了一位老教授，通过彼此的老乡关系慢慢熟起来。崔

明明独特而新颖的思路吸引了老教授，他们成为忘年交。等到作家班结束后，老教授将他介绍到了一家效益好的出版社。从此，崔明明打开了人生的新天地，也在北京站稳了脚跟。

通过忘年交这种方式，我们也可以结识到优势互补的朋友。

很简单，年轻人有年轻人的优势，而老年人则有老年人的优势。年轻人有激情、有创造性，而老年人有经验、有方法。年轻人要想在事业上获得迅速发展肯定离不开老年人的提携和帮助。然而，由于年轻人与老年人在思想、感情、思维方法和心理品质上存在较大差异，因此，年轻人与老年人在交往方面容易产生"代沟"。

但是我们不能因为这种代沟的存在而阻断年轻人与老年人的交往。因为任何社会阶段都要靠各个年龄层次的人的相互作用来发展，这种作用既有选择性的继承，也有创造性的发挥和扬弃。加强年轻人与老年人之间的交流与沟通，对双方乃至对整个社会的发展都具有十分重要的意义。

要加强双方之间的沟通，年轻人必须客观地、辩证地认识老年人与年轻人各自的长短优劣之处，看到这种沟通对双方不同的互补功能。

所以，朋友之间的交往并不局限于同时代、同年龄段的人，这些人相对来讲更加与你接近，但是，与你的前辈相处时，你会发现他们也能够吸引你。虽然存在代沟，但是一旦形成忘年交，就会发出耀眼的光芒。

"刺猬哲学"才是交友之道

叔本华曾经讲过一个"刺猬哲学"：一群刺猬在寒冷的冬天相互接近，为的是通过彼此的体温取暖以避免冻死，可是很快它们就被彼此身上的硬刺刺痛，相互分开；当取暖的需要又使它们靠近时，又重复了第一次的痛苦，于是它们在两种痛苦之间转来转去，直至它们发现一种适当的距离使它们能够互相取暖而又不被刺伤。

正如一句话说得好："距离产生美。"再好的朋友如果天天见面，也未必是一件好事。保持一定的距离，这样才能让友情长久！

交到好朋友难，而保持友情更难。彼此是好朋友，那为何还要保持距离？这样会不会让朋友间彼此疏远，显得缺乏继续交往下去的诚意呢？你肯定会为这些问题担心。但事实证明，很多友情出现裂痕，问题就恰恰出在这种形影不离之中。

距离是人际关系的自然属性。有着亲密关系的两个朋友也毫不例外，成为好朋友，只说明你们在某些方面具有共同的目标、爱好或见解，能进行心灵的沟通，但并不能说明你们之间是毫无间隙、可以融为一体的。任何事物都有其独特的个性，事物的共性存在于个性之中。共性是友谊的连接带和润滑剂，而个性和距离则是友谊保持其生命力的根本所在。

人一辈子都在不断地交新的朋友，但新的朋友未必比老的朋友好，失去友情更是人生的一种损失，因此要强调：好朋友一定要"保持距离"！

在文坛，流传着一个关于两位文学大师的故事：

加西亚·马尔克斯是1982年诺贝尔文学奖获得者，巴尔加斯·略萨则是近年来被人们说成是随时可能获得诺贝尔文学奖的作家。他们堪称当今世界文坛最令人瞩目的一对冤家。他俩第一次见面是在1967年。那年冬天，刚刚摆脱"百年孤独"的加西亚·马尔克斯应邀赴委内瑞拉参加一个他从未听说过的文学奖项的颁奖典礼。

当时，两架飞机几乎同时在加拉加斯机场降落。一架来自伦敦，载着巴尔加斯·略萨，另一架来自墨西哥城，它几乎是加西亚·马尔克斯的专机。两位文坛巨匠就这样完成了他们的历史性会面。因为同是拉丁美洲"文学爆炸"的主帅，他们彼此仰慕、神交已久，所以除了相见恨晚，便是一见如故。

巴尔加斯·略萨是作为首届罗慕洛·加列戈斯奖的获奖者来加拉加斯参加授奖仪式的，而马尔克斯则专程前来捧场。所谓殊途同归，他们几乎手拉着手登上了同一辆汽车。他们不停地交谈，几乎将世界置之度外。马尔克斯称略萨是"世界文学的最后一位游侠骑士"，略萨回称马尔克斯是"美洲的阿马迪斯"；马尔克斯真诚地祝贺略萨荣获"美洲的诺贝尔文学奖"，而略萨则盛赞《百年孤独》是"美洲的《圣经》"。此后，他们形影不离地在加拉加斯度过了"一生中最有意义的4天"，约定好了联合探讨拉丁美洲文学的大纲和联合创作一部有关哥伦比亚与秘鲁关系的小说。略萨还对马尔克斯进行了长达30个小时的"不间断采访"，并决定以此为基础撰写自己的博士论文。这篇论文也就是后来那部砖头似的《加夫列尔·加西亚·马尔克斯：弑神者的历史》（1971 年）。

基于情势，拉美权威报刊及时推出了《拉美文学二人谈》等专题报道，从此两人会面频繁、笔交甚密。于是，全世界所有文学爱好者几乎都知道：他俩都是在外祖母的照看下长大的，青年时代都曾流亡巴黎，都信奉马克思主义，现在又有共同的事业。

作为友谊的黄金插曲，略萨邀请马尔克斯顺访秘鲁。后者谓之求之不得。在秘鲁期间，略萨和妻子乘机为他们的第二个儿子举行了洗礼；马尔克斯自告奋勇，做了孩子的教父。孩子取名加夫列尔·罗德里戈·贡萨洛，即马尔克斯外加他两个儿子的名字。

但是，正所谓太亲易疏。多年以后，这两位文坛宿将终因不可究诘的原因反目成仇、势不两立，以至于 1982 年瑞典文学院不得不取消把诺贝尔文学奖同时授予马尔克斯和略萨的决定，以免发生其中一人拒绝领奖的尴尬。当然，这只是传说之一。有人说他俩之所以闹翻是因为一山难容二虎，有人说他俩在文学观上发生了分歧或者原本就不是同路。后来，没有人能再把他们撮合在一起。

可见，朋友相处，重要的是双方在感情上的相互理解和遇到困难时的相互帮助，而不是了解一些没有必要的东西。也可以说，心灵是贴近的，但肉体应是保持距离的。

中国古老的箴言——君子之交淡如水，便饱含了这一道理。那么，真诚地对待你的朋友时，保持距离、用心经营才是上上策。

让朋友表现得比你出色

每个人都希望自己比别人优秀，我们在对待朋友时，要尽量让其表现得比自己出色，这样既表现出自己的谦虚，又让朋友喜欢自己，两全其美，何乐而不为呢？

法国哲学家罗西法古说："如果你要得到仇人，就表现得比你的朋友优越吧；如果你要得到朋友，就要让你的朋友表现得比你优越。"

为什么这句话是事实？因为当我们的朋友表现得比我们优越，他们就有了一种重要人物的感觉，但是当我们表现得比他们优越，他们就会产生一种自卑感。

纽约市中区人事局最得人缘的工作介绍顾问是亨丽塔，但是过去的情形并不是这样。在她初到人事局的头几个月当中，亨丽塔在她的同事之中连一个朋友都没有。为什么呢？因为每天她都使劲吹嘘她在工作介绍方面的成绩、她新开的存款户头，以及她所做的每一件事情。

"我工作做得不错，并且深以为傲，"亨丽塔对拿破仑·希尔说，"但是我的同事不但不分享我的成就，而且还极不高兴。我渴望这些人能够喜欢我，我真的很希望他们成为我的朋友。在听了你提出来的一些建议后，我开始少谈我自己而多听同事说话。他们也有很多事情要说，把他们的成就告诉我，比听我说更令他们兴奋。现在当我们有时间在一起闲聊的时候，我就请他们把他们的欢乐告诉我，好让我分享，而只在他们问我的时候我才说一下我自己的成就。"

苏格拉底也在雅典一再地告诫他的门徒："你只知道一件事，就是你一无所知。"

无论你采取什么方式指出别人的错误，都有可能带来难堪的后果。你以为他会同意你所指出的吗？绝对不会！因为你否定了他的智慧和判断力，打击了他的荣耀和自尊心，同时还伤害了他的感情。他非但不会改变自己的看法，还要进行反击，这时，你即使搬出所有柏拉图或康德的逻辑也无济于事。

永远不要说这样的话："看着吧！你会知道谁是谁非的。"这等于说："我会使你改变看法，我比你更聪明。"这实际上是一种挑战，在你还没开始证明对方的错误之前，他已经准备迎战了。为什么要给自己增加麻烦呢？

有一位年轻的纽约律师，他参加了一个重要案子的辩论，这个案子牵涉到一大笔钱和一个重要的法律问题。在辩论中，最高法院的法官对年轻的律师说："海事法追诉期限是6年，对吗？"

律师愣了一下，看看法官，然后率直地说："不。庭长，海事法没有追诉期限。"

这位律师后来说："当时，法庭内立刻静默下来。似乎连气温也降到了冰点。虽然我是对的，他错了，我也如实地指了出来，但他却没有因此而高兴，反而脸色铁青，令人望而生畏。尽管法律站在我这边，但我却铸成了一个大错，居然当众指出一位声望卓著、学识丰富的人的错误。"

这位律师确实犯了一个"比别人正确的错误"。在指出别人错了的时候，为什么不能做得更高明一些呢？

因此，我们对于自己的成就要轻描淡写。我们要谦虚，这样的话，永远会受到欢迎。

要比别人聪明，但不要告诉别人你比他聪明。

登门拜访，巩固老朋友，认识新朋友

有的人总怕麻烦，不愿打搅别人，所以一年半载也不会去朋友家做客。殊不知，登门拜访，叙叙旧，不但能维护你们之间的关系，通常也能和他的家人成为朋友，收获可能会很大呢。

关于拜访的好处有很多：

（1）在家里谈话比在公共场所气氛容易融洽，使双方都在一种无拘无束的氛围里面畅所欲言，并且比较容易接触到彼此的私生活，给大家的友谊发展做了更进一层的铺垫。如果能够常到对方住处去拜访，双方的关系会很快地密切起来。

（2）到对方住处去拜访，还能有机会接近他的家人。如果我们同时也结识了他的父母、兄弟姊妹、妻子儿女，或是和他同住的亲戚朋友，那么，我们与对方的关系就更和睦、更巩固了。古语说"君子爱屋及乌"，如果我们对一个人真有好感，我们必定会对他的亲人和挚友同样产生兴趣的。

（3）容易对对方有较深刻的认识，因为对方所住的地方、对方的家人和对方家里的布置装饰等，都会使我们更加深入地认识对方、了解对方。譬如，对方家里有电子琴或高级音响，那多少可以知道他对音乐有兴趣。从对方所有唱碟的种类，又可以看出对方喜欢哪一种音乐，是古典音乐还是流行音乐，是中国音乐还是外国音乐。此外，对方墙上所挂的图画、相片以及他所有的书籍、报刊杂志、小摆设、纪念品等，都可以增进我们对他的认识。有时，对方向我们解说他的相册，我们对他的过去也会有更多的了解。

拜访朋友，会给你带来很多的好处，但是拜访一定要注意时间的合适性、交谈的共同性、彼此的融洽性，等等。

1. 要选择合适的拜访时间

应尽量避免占用对方的休假日或午休时间，如果没有急事，应避免在清晨或夜间去拜访。拜访之前，最好以电话或短信方式与对方联系，约定一个时间，使被访者有所准备，不要做"不速之客"。最好讲明此次拜访需占用对方多长时间，以便对方安排好自己的事情。凡是约定的时间要严格遵守，提前5分钟或准时到达，以免对方等得不耐烦。如果因特殊情况不能前往，应及时通知对方，轻易失约是极不礼貌的。

拜访对方最合适的时间多半是在休息日的下午、工作日的晚饭后。避免在对方吃晚饭的时间去找他。如果对方有午睡的习惯，也不要在午饭后去找他。当然，更不要在对方临睡的时候去找他，一般在晚上九点之后就不适宜去拜访了。如果在晚上十点后还去找人，就会被认为你不礼貌。

一般人最容易犯的毛病就是过于重视自己的事情，如果得不到圆满的解决就无限制地拖延下去。结果耽误他人的时间，扰乱他人的生活秩序，使他人产生不良的印象。因此，很容易破坏彼此刚建立起来的友谊。

2. 拜访时的寒暄不能忽视

拜访对方时要多利用寒暄，它是人们之间尤其陌生人见面时的必要桥梁。寒暄，更为争分夺秒者赢得必要的准备时间，积蓄积极进攻或防守的力量，为双方驱走冬日的严寒。由此可见，寒暄并不是使人"寒"，而是给人"暖"。

采访陈景润的湖北记者就深谙此理。他们与陈景润的夫人由昆寒暄的第一句话是："听说您是我们湖北人，怎么普通话说得这么好啊？"由昆喜悦地回答："是吗？我跟湖北人还是讲湖北话呢！"于是，双方都沉浸在"老乡"相识的愉快之中，话语自然多起来，气氛也活跃得多，这正是采访者所需要的。倘若语言生硬，采访者怎么可能了解科学家的家庭生活呢？

3. 客套话少不得也多不得

一见面，朋友间肯定会说一些客套话，但是客套话一般只作为开场白，不宜过长，因为过于客气会使人产生陌生感。朋友初次见面略叙客套后，第二次、第三次的见面就应竭力少用那些"阁下""府上"等名词，如果一直用下去，则真挚的友谊必然无法建立。客气话的"生产过剩",必然损害轻松的气氛。

客气话是表示你的恭敬或感激,不是用来敷衍朋友的。如果拜访对象是熟人、老朋友,滥用客套话,使彼此保持"过远"的距离,就会让双方都感到别扭、不舒服,甚至还可能导致相互猜疑,产生误会。长此以往,还会影响你们之间正常的友谊。

拜访比自己级别高的人,或握有某种权势、拥有某种优势的人,不宜靠得很近,至于拍拍打打之举更不可随便使用。否则,对方就会认为你是与他"套近乎",或者引起对方厌烦,或者让对方瞧不起你,或者引起旁人的嫉妒等,影响拜访效果。

4. 说一些平常的话

著名作家丁·马菲说过:"尽量不说意义深远及新奇的话语,而以身旁的琐事为话题作开端,是促进人际关系成功的钥匙。"一味说些令人不懂与吃惊的话,容易使人产生华而不实、锋芒毕露的感觉。受人支持与信赖的人,大多并不是靠才情焕发、一鸣惊人博得他人喜爱的人。

5. 尽量谈一些共同的话题

人们有这样一种心理特性,即往往不知不觉地因同伴意识、同族意识等而亲密地联结在一起,同乡校友会的产生正是因此。若是女性,也常因血型、爱好等相同产生共鸣。如果你想得到对方的好感,那就找出与对方拥有的某种共同点,尽量谈一些共同的话题,这样即使是初次见面,无形之中也会涌起亲近感。一旦缩短彼此心理的距离,双方很容易推心置腹。

6. 不妨谈一些对方的成就

任何人都有自鸣得意的事情，但是，再得意、再自傲的事情，如果没有他人的询问，自己说起来也无优越感。因此，你若能恰到好处地提出一些问题，定使对方欣喜，并愿意敞开心扉畅所欲言，你与他的关系也会亲密起来。

心理学家认为：人是这样一种动物，他们往往不满足自己的现状，然而又无法加以突变，因此只能各自持有一种幻想中的形象或期待中的盼望。他们在人际交往中非常希望他人对自己的评价是正面的，例如，胖人希望看起来瘦一些，老人愿意显得年轻些，急欲晋升的人期待实现的那一天等。所以，去拜访别人的时候，要察言观色、投其所好，引导对方谈一些对方得意的事情，并时时给予好的评价。

7. 表现出自己对对方的重视

表现出自己关心对方，必然能赢得对方的好感。卡内基认为：在招待他人或是主动邀请他人见面时，事先应该多搜集对方的资料。这不仅是一种礼貌，而且可以满足他人的要求，使他人感受到你的关心和热忱。记住对方说过的话，事后再提出来当话题，也是表示关心的做法之一，尤其是兴趣、嗜好、梦想等，对对方来说，都是重要、有趣的事情。一旦提出来作为话题，对方一定觉得开心。

拜访时，我们还要注意以下九点：

（1）进门前要敲门或出声打招呼。冒昧地闯入房门会使主人措手不及，让主人觉得你缺乏教养。

（2）初次相见，要注重自己的仪表，不然别人会产生不悦之感。若有必要，给老人或小孩带点小礼品，礼轻情义重。

（3）若带有小孩，应看好，不要让孩子乱闹乱翻。若主人用瓜子、糖果招待，应尽量注意房间卫生。

（4）做客要有时间观念，有话则长，无话则短，不要东拉西扯，废话不断，否则会使主人不耐烦。

（5）不要乱翻乱动主人的东西，甚至乱闯主人卧室。这样并非亲热之举，而是对主人不尊重，若触及人家隐私，岂不彼此都尴尬？

（6）若主人想留你吃饭，应考虑是否有必要；当和主人一起进餐时，女性则应注意不要"太淑女"，男性也不应狼吞虎咽，旁若无人。

（7）做客既不要过于拘束，也不要轻浮高傲，落落大方才是做客应有的风范。

（8）告别主人时，应对主人的款待表示感谢，如有长辈在家，应向长辈告辞。

（9）若主人送出大门要及时请他们留步。切忌在门口废话太多、拖拖拉拉，使主人在门外站立过久。

关键时刻伸手相助

"患难之交才是真朋友"，这话大家都不陌生。人的一生不可能一帆风顺，难免会碰到失利受挫或面临困境的情况，这时候最需要的就是别人的帮助。一旦这个时候你伸手相助，便将让对方记忆一生。

德皇威廉二世在第一次世界大战结束前夕退位，因为众叛亲离，他只好逃到荷兰。在威廉二世失意落寞的时候，有个小男孩写了一封简短但流露真情的信，表达他对德皇的敬仰。这个小男孩在信中说，不管别人怎么想，他将永远敬威廉二世为皇帝。威廉二世深深地为这封信所感动，于是邀请他到自己的庄园来。这个男孩接受了邀请，由他母亲带着一同前往，他的母亲后来嫁给了威廉二世。

人情储蓄，不仅仅是在欢歌笑语中和睦相处，更是要在困难挫折中互相提携。有的人在无忧无虑的日常生活中，还能够和朋友嘻嘻哈哈地相处，一旦朋友遇到困难，遭到了不幸，他们就冷落疏远了朋友，友谊也就烟消云散了。这种只能同欢乐不能共患难的人，不仅是无情的，更是愚蠢的。因为他们的自私，会让自己的人情储蓄为零，会让自己日后的人际关系道路越走越窄。

所以，当朋友遇到了困难的时候，我们应该伸出援助的双手。当朋友生活困顿时，要尽自己的能力，解囊相助。对身处困难之中的朋友来说，实际的帮助比甜言蜜语强一百倍，只有设身处地地急朋友所急，想朋友所想，才体现出友谊的可贵，让这份交情细水长流。

当朋友遭遇不幸的时候，如病残、失去亲人、失恋等，我们要用关怀去温暖朋友那冰冷的心，用同情去抚慰朋友身上的创伤，用劝慰去平息朋友胸中冲动的岩浆，用理智去拨开朋友眼前绝望的雾障。

当朋友犯了错误的时候，我们应该表示理解并尽可能地给予帮助。一般来说，朋友犯了错误，自己感到羞愧，脸上无光。有些人常担心继续与犯了错误的朋友相交会连累自己，因此而离开这些朋友，其实这种自私的行为很不可取。真正的朋友有福不一定同享，但有难必定同当。

当朋友遭到打击、被孤立的时候，我们应该伸出友谊的双手，去鼓励对方，支持对方。如果在朋友遭到歪风邪气打击的时候，我们为了讨好多数人而保持沉默，或者反戈一击，那我们就成了友谊的可耻叛徒。正如巴尔扎克的《赛查·皮罗多盛衰记》中所说的："一个人倒霉至少有这么一点好处，可以认清楚谁是真正的朋友。"一个好朋友常常是在逆境中得到的。假如朋友在遭到打击、被孤立的时候，你能够理解他、支持他，坚决同他站在一起，那么他一定会把你视为一生的挚友，会为找到一个真正的朋友感到高兴。更重要的是，将来某一天如果你需要他的帮助，甚至你有难时没有向他求助，他都会心甘情愿地为你两肋插刀。

总之，人情的赢得往往在关键的时刻，即别人处于困顿的时刻。只要你在关键时刻伸手拉他一把，你就获得了他的好感，增进了你们的情谊。

收获人情，借不如送

古人说，朋友有通财之义。朋友生活上有了困难，借些钱给他，既彰显义气，又助他摆脱困境，无可厚非。但是，在这个事事讲求收益与回报的年代，金钱无疑已经成为人们关注的一个焦点。付出之前，人们会先预计一下自己能得到多少回报，赔本的买卖人们根本不会让它开始。但在人际交往中，有时却需要暂时放下这种"计较"的心态，虽不必刻意地在礼尚往来间做些什么，适当的时候送点顺水人情给别人，也算得上是一种"小投入、大产出"的人际投资。

每个人都害怕囊空如洗，所以每个人都吝惜金钱。当朋友向你借钱时，是借还是不借？你一定会好一番斟酌。其实，这是现代人常常要遇到的问题。很多人碰到他人向自己借钱的问题时都很困扰，因为借给对方钱，有可能这一笔钱就要不回来了，或是一再拖延，到最后才拿回一小部分。另外，朋友需要才会借钱，如果时间一到便去催债，好像自己太没人情味，何况也没勇气开口，怕一开口，就伤了彼此的感情。不借嘛，自己的钱固然是"保住"了，但朋友有难，不出手帮忙，道义上似乎也说不过去，也担心彼此间的感情恐怕从此要变质了……

借不借人钱，就是这么让人伤脑筋！

当然，"有借有还"同样存在，甚至有不仅还本金还主动给利息的情况。不过说老实话，借钱始终是一件潜藏着危机的事情——如果对方一而再，再而三地向你借钱，表示他的财务有问题，总有一天会连本金也还不出来！

可是，人情、感情与道义在别人开口借钱的一瞬间全部横在了你的面前，怎么办呢？

这种时候，与其借了钱又整日担心着钱回不来，或者盘算着怎么开口把钱要回来，还不如放宽心，把钱送给他们。如果借款数目巨大，就要衡量自己的能力，可以拿出一小部分送给他，这样既表明自己尽力帮忙的立场，又不伤害感情和道义。总之，送钱的做法虽然可能在钱财上蒙受损失，却一定会收获人情。

所以，面对借钱的朋友，聪明人的做法是：给他钱，而不是借他钱！

所谓"给他钱"有两个层面的意义。

在心理层面上的意义是：表面上是"借给"他，也言明归还期限和利息多少，但在心理上却抱着这笔钱将"一去不回头"的想法——他能还就还，不能还就当作是送给他的！这种态度有很多好处。第一个好处是不会影响两人的感情，你也不会因为对方还不起钱或不还钱而难过；第二个好处是顾到了朋友间有难相助的"道义"；第三个好处是在对方心中播下一粒"恩与义"的种子，这粒种子或许会发芽，在他日以"果实"对你做最真诚的回报。

第二个层面的意义是真的给他钱。也就是说，他虽然是向你借用的，但你却表明是给他的，是要帮他解决困难的，并不希望他还钱。这样做也有很多好处。第一个好处是他不大可能再来向你"借钱"，不好意思了嘛！而你也可表示"我已竭尽所能"，将对方开口的数目打折给他，万一对方真的还不起钱，或根本不还钱，你也可以降低损失。第二、三个好处和前面一段说的一样，兼顾了情与义，同时也在对方心中种了一粒"恩与义"的种子，而这"人情"，他总是要担的。

事实上，不管是"借"还是"给"，钱能不能收回来都是个未知数。之所以说"借他们钱，钱收不回来；给他们钱，'钱'收得回来"，是基于这一点：钱只要离开你的口袋，就有收不回来的可能性，因为对方是没有钱才向你开口，所以明知有可能回不来，干脆就不抱希望，把"借"变成"给"，既免了催债时给对方造成不愉快、自己也难过的情况，又把你的钱变成人情，"收"了回来。

如果"借"或"给"都觉得很难，那么就狠心拒绝吧！不过，在力所能及的情况下还是不要太计较钱能否再回到你的口袋中，因为金钱有数，人情无价。

人生在世，不少的烦恼都跟金钱有关，而我们在处理和金钱有关的问题时，都往往意外地盲目。金钱的问题一旦混入人际关系之中，烦恼与纠纷便在所难免，因此，避免因金钱而影响关系的最佳解决办法就是送。

第三章
DI SAN ZHANG

影响的核心，
是对他人的尊重

心领神会，替别人遮掩难言之隐

生活中，我们经常会遇到这样一些人，他们有一些难以启齿的想法，或者是为自己做了一件不光彩的事情而悔恨，或者是因为寻求帮助而不得，这个时候，你就要做一个善解人意的人，看透了他人的这些想法，也不要说出来，或者可以用很巧妙的方式帮他们遮掩过去。

郑武公的夫人武姜生有两个儿子，长子是难产而生，取名为寤生，相貌丑陋，武姜心中甚为厌恶；次子名叫段，成人后气宇轩昂，仪表堂堂，武姜十分疼爱。武公在世时武姜多次劝他废长立幼，立段为太子，武公怕引起内乱，就是不答应。

郑武公死后，寤生继位为国君，是为郑庄公。封弟弟段于京邑，国中称为太叔段。这个太叔段在母亲的怂恿下，竟然率兵叛乱，想夺位。但太叔段很快被老谋深算的庄公击败，逃奔共国。庄公把合谋叛乱的生身母亲武姜押送到一个名叫城颍的地方囚禁了起来，并发誓说："不到黄泉，母子永不相见！"意思就是要囚禁他母亲一辈子。

一年之后，郑庄公渐生悔意，感觉自己待母亲未免太残酷了点，但又碍于誓言，难以改口。这时有一个名叫颍考叔的官员摸透了庄公的心思，便带了一些野味以贡献为名晋见庄公。

庄公赐其共进午餐，他有意把肉食都留了下来，说是要带回去孝敬自己的母亲："小人之母，常吃小人做的饭菜，但从来没有尝过国君处的饭菜，小人要把这些肉食带回去，让她老人家高兴高兴。"

庄公听后长叹一声，道："你有母亲可以孝敬，寡人虽贵为一国之君，却偏偏难尽一份孝心！"颍考叔明知故问："主公何出此言？"庄公便将发生的事情原原本本地讲了一遍，并说自己常常思念母亲，但碍于有誓言在先，无法改变。颍考叔哈哈一笑说："这有什么难处呢！只要掘地见水，在地道中相会，不就是誓言中所说的黄泉见母吗？"庄公大喜，便掘地见水，与母亲相会于地道之中。母子两人皆喜极而泣，即兴高歌，儿子唱道："大隧之中，其乐也融融！"母亲相和道："大隧之外，其乐也泄泄！"颍考叔因为善于领会庄公的意图，被郑庄公封为大夫。

每个人都有难言之隐，包括平时那些高高在上的人。这时，作为一个旁观者要善于心领神会，替人遮掩难言之隐。这也不失为一种高明的做人之道。

遭遇尴尬，要给他人台阶下

交际高手不但会尽量避免因自己的不慎而使别人下不了台，而且还会在别人可能不好下台时，巧妙及时地为其提供"台阶"。

这是因为他们在帮助别人"下台"时，掌握了恰当的方法。

1. 顺势而为送台阶

依据当时的势态，对对方的尴尬之举加以巧妙解释，使原本只有消极意味的事件转而具有积极的含义。

全校语文老师来听王老师讲课，校长也亲临指导。课上，王老师重点讲解了词的感情色彩问题。在提问了两位同学取得良好效果后，接着提问校长的儿子："请你说出一个形容 ××× 的美丽的词或句子。"

或许是课堂气氛紧张，或许是严父在场，也可能兼而有之，校长的儿子一时语塞，只是站着。

空气凝固。校长的脸上现出了尴尬的神情。王老师便随机应变地讲道："好，请你坐下，同学们，这位同学的答案是最完美的，他的意思是说这个人的美丽是无法用文字和语言来形容的。"听课者都露出了会心的微笑。

这一妙解为校长儿子尴尬的"呆立"赋予了积极的意义，使他顺利下了台阶，而王老师本人和校长也自然摆脱了难堪。

2. 挥洒感情造台阶

故意以严肃的态度面对对方的尴尬举动，消除其中的可笑意味，缓解对方的紧张心理。

第二次世界大战时，一位德高望重的英国将军举办了一场祝捷酒会。除上层人士之外，将军还特意邀请了一批作战勇敢的士兵，酒会自然是热烈隆重。谁想一位从乡下入伍的士兵不懂酒会上的一些规矩，捧着面前的一碗供洗手用的水喝了，顿时引来达官贵人、夫人、小姐的一片讥笑声。那士兵一下子面红耳赤，无地自容。此时，将军慢慢地站起来，端起自己面前的那碗洗手水，面向全场贵宾，充满激情地说道："我提议，为我们这些英勇杀敌、拼死为国的士兵们干了这一碗。"言罢，一饮而尽，全场为之肃然，少顷，人人均仰脖而干。此时，士兵们已是泪流满面。

在这个故事里，将军为了帮助自己的士兵摆脱窘境，恢复酒会的气氛，采用了将可笑事件严肃化的办法，不但不讥笑士兵的尴尬举动，而且将该举动定性为向杀敌英雄致敬的严肃行为。乡下士兵不但尴尬一扫而尽，而且获得了莫大的荣誉，成为在场的焦点人物。

总之，人人都有下不来台的时候。学会给人台阶下，既可以缓解紧张难堪的气氛，使事情得以正常进行，又能够帮助尴尬者挽回尊严，增进彼此的关系。要达到这样的目的，我们应学会使用以上技巧。

打圆场要让双方都满意

在别人发生矛盾争论的时候，夹在中间是比较尴尬的。作为争论的局外人，我们应当善于打圆场，让矛盾得到及时化解。但是在打圆场的时候，一定要注意一个问题，就是要不偏不倚，让双方都认为你没有偏向，都表示满意。否则，只能是火上浇油，还不如不说。

一名中年男子在一个生意红火的面摊等了半天才有了位置，要了一份自己常吃的面。一会儿面端了上来，男子伸嘴想先尝一口汤。可能汤的味道刺激了他的呼吸道，随着"阿嚏"一声，他的唾液和着面汤喷在了对面一位顾客身上和面碗里。那位顾客愣了一下才反应过来，"刷"地站起来吼道："你怎么乱打喷嚏！"

中年男子也被自己的不雅之举惊呆了，赔过礼后缓过神来，对老板脱口而出："我告诉你不要辣椒的，你的面里怎么会有辣椒味道？你赔我的面钱，我赔人家的面钱。"老板问伙计。伙计很委屈，他明明没有放辣椒的。

结果顾客、老板还有围观群众七嘴八舌，说得不亦乐乎。最后老板感觉这样下去不是个事，就主动打圆场，大手一挥，说："算啦算啦，再下两碗面，钞票全免了，只要大家不翻脸，和气生财嘛！"

两位顾客这才平静下来，都表示可以接受。从此他们和老板成了好朋友。

可见，适时地打圆场，作用真的是非同一般。

清末的陈树屏口才极好，善解纷争。他在江夏当知县时，张之洞任湖广总督，谭继洵任湖北巡抚，张谭两人素来不和。一天，陈树屏宴请张之洞、谭继洵等人。当座中谈到长江江面宽窄时，谭继洵说江面宽是五里三分，张之洞却说江面宽是七里三分。双方争得面红耳赤，本来轻松的宴会一下子变得异常尴尬。

陈树屏知道两位上司是借题发挥，故意争闹。为了不使宴会大煞风景，更为了不得罪两位上司，他说："江面水涨就宽到七里三分，而落潮时便是五里三分。张督宪是指涨潮而言，而谭抚军是指落潮而言，两位大人都说得对。"

陈树屏巧妙地将江面宽度分解为两种情况，一宽一窄，让张谭两人的观点在各自的方面都显得正确。张谭两人听了下属这么高明的圆场话，也不好意思争下去了。

有时候，争执双方的观点明显不一致，而且也不能"和稀泥"。这时，如果你能把双方的分歧点分解为事物的两个方面，让分歧在各自的方面都显得正确，这必定是一个好办法。

某学校举办教职员工文艺比赛，教师和员工分成两组，根据所造的道具自行编排和表演节目，然后进行评比。表演结束后，没等主持人发话，坐在下面的人就已经分成两派，教师说教师的好，员工说员工的好，各不相让。

眼看活动要陷入僵局，主持人灵机一动，对大家说："到底哪个组能夺第一，我看应该具体情况具体分析。教师组富有创意，激情四溢，应该得创意奖；员工组富有朝气，精神饱满，应该得表演奖。"随后宣布两个组都获得了第一名。

这位主持人心里明白，文艺比赛的目的不在于决出胜负，而在于丰富大家的娱乐生活，加强教职员工的交流，如果为了名次而闹翻，实在得不偿失。于是，在双方出现矛盾的时候，主持人没有参与评论孰优孰劣，而是强调双方的特色并分别予以肯定。最后提出解决争议的建议，问题自然就解决了。

在与人交往的过程中，有些场合下，双方因为彼此不同意对方的观点而争执不休时，作为圆场的人就应该理解双方的心情，找出各方的差异并对各自的优势都予以肯定，这在一定程度上能满足双方自我实现的心理。这时再提出建议，双方就容易接受了。

诙谐地对待他人的错，也让自己过得去

不知道你是否发现，大度诙谐更多时候比横眉冷对更有助于问题的解决，对他人的小过以诙谐的方法对待，实际上就是一种糊涂处世的态度。

20世纪50年代，有些商家知道于右任是著名的书法家，于是他们纷纷在自己的公司、店铺门口挂起了署名于右任的招牌，以广招徕。其中确为于右任所题的极少，半真半假的居多，完全假的也时有所见。

一天，于右任的一个学生急匆匆地来见老师，说："老师，我今天中午去一家平时常去的羊肉泡馍馆吃饭，想不到他们居然也

挂起了以您的名义题写的招牌。明目张胆地欺世盗名，您老说可气不可气！"正在练习书法的于右任"哦"了一声，放下毛笔然后缓缓地问："他们这块招牌上的字写得好不好？"

"好个啥子哟！"学生叫苦道，"也不知道他们在哪儿找了个书生写的，字写得歪歪斜斜，难看死了。下面还签上老师您的大名，连我看着都觉得害臊！"

"这可不行！"于右任沉思道。

"我去把那幅字摘下来！"学生说完，转身要走，但被于右任喊住了。

"慢着，你等等。"

于右任顺手从书案旁拿过一张宣纸，拎起毛笔，刷刷刷在纸上写下些什么，然后交给恭候在一旁的学生，说："你去把这幅字交给店老板。"

学生接过宣纸一看，不由得呆住了。只见纸上写着笔墨流畅、龙飞凤舞的几个大字——"羊肉泡馍馆"，落款处则是"于右任题"几个小字，并盖了一方私章。整个书法作品，可称漂亮之至。

"老师，您这……"学生大惑不解。

"哈哈。"于右任抚着长髯笑道，"你刚才不是说，那块假招牌的字实在是惨不忍睹吗？我不能砸了自己的招牌，坏了自己的名声！所以，帮忙帮到底，还是麻烦你跑一趟，把那块假的给换下来，如何？"

"啊，我明白了，学生遵命。"转怒为喜的学生拿着于右任的题字匆匆去了。这样，这家羊肉泡馍馆的店主竟以一块假招牌换来了大书法家于右任的真墨宝，喜出望外之余，未免有惭愧之意。

面对矛盾，一般最直接的做法就是用强去争，争来争去，互不相让，结果就不那么妙了。实际上，在聪明人看来，低头不单是缓和矛盾，也能化解矛盾，强争只有在极端的情况下才能解决矛盾，而在多数情况下只能激化矛盾。在很多事情上，糊涂一点，包容一些，不但自己过得去，别人也会过得去，产生矛盾的基础不复存在，矛盾自然就化解了。彼此能够相安，岂不更好？

在交际中，我们在争取拥有的同时，也要懂得适时糊涂，适当地包容。有时候看似糊涂的做法，不仅是让别人过得去，往往也是让自己过得去。

巧妙暗示，远远胜过当面指责

在交际应酬中有很多事，起因复杂，因此处理起来更复杂。许多时候我们清楚，真理是在自己这一边的，但这并不意味着，有了道理就可以把事办成。

莫比尔是一所大学的老师，他有一个学生因随意停车而堵住了一个学院的入口，他冲进教室，以一种非常凶悍的口吻问道：

"是谁的车堵住了车道？"当车主回答时，这位老师吼道："你马上给我开走，否则我就把它绑上铁链拖走。"

这位学生是错了，车子不应该停在那儿。但从那一刻起，不止这位学生对莫比尔的举止感到愤怒，全班的学生都尽量地做些事情以造成他的不便，使得他的工作更加不愉快。

莫比尔原本可以用完全不同的方式处理的。假如他友善一点："车道上的车是谁的？如果把它开走，那别的车就可以进出了。"这位学生一定会很乐意地把车开走，而且他和他的同学也就不会那么生气了。

在做事的过程中，即使自己是对的，别人绝对是错的，我们也会因为让别人丢脸而毁了一切。一生具有传奇色彩的法国飞行先锋和作家安托安娜·德·圣苏荷依写过："我没有权利去做或说任何事以贬抑一个人的自尊。重要的并不是我觉得他怎么样，而是他觉得他自己如何。伤害他人的自尊是一种罪行。"

这种巧妙暗示的方法，使对方易于改正他的错误，又保护了他的自尊，使他希望和你合作把事情办好，而不是反抗或抵触。

英国一家大超市的经理伊尔奇每天都到他的连锁店去巡视一遍。有一次他看见一名顾客站在柜台前等待，没有一人对她稍加注意。那些售货员呢？他们在柜台远处的另一头挤成一堆，彼此又说又笑。身为经理的他当然对这一情况很不满意，一定要纠正这种不负责任的行为。但伊尔奇并没有直接地指责那些在上班时间闲谈的售货员，他采取了巧妙暗示、保全员工面子的方法处理了这件事。他不说一句话，默默站在柜台后面，亲自招呼那位女顾客，然后把货品交给售货员包装，接着他就走开了。售货员当然看到了这个情况，自责的他们从此以后再也没有发生类似情况。

伊尔奇没有直接指责员工的不负责，而是亲自去为顾客服务，让员工自己意识到自己的失职，间接地纠正了员工的错误。

与人交往、相处、合作的时候，如果别人做事的方法不符合你的要求，你不能当面指责，这只会引起对方的反抗，容易把事搞砸。而巧妙地暗示对方注意自己的错误，则可以轻松地把事情处理好。

改变他，先照顾他的自尊心

心理学家认为，被尊重是每一个人的心理需要。不管先天条件如何，不管财富多少、地位高低，任何人都需要得到别人的尊重。因而，要想使他人乐于改变，最重要的就是迎合他人的自尊心。

美国心理学家曾做过一个实验，证明了尊重对人产生的巨大影响。

为了调查研究各种工作条件对生产效率的影响，美国西方电器公司霍桑工厂一个大车间的六名女工被选为实验的被试。实验持续了一年多，这些女工的工作是装配电话机。

第一个时期，让她们在一个一般的车间里工作两星期，测出她们的正常生产效率。

第二个时期，把她们安排到一个特殊的测量室工作五星期，这里除了可以测量每个女工的生产情况外，其他条件都与一般车间相同，即工作条件没有变化。

接着进入第三个时期，改变了女工们工资的计算方法。以前女工的薪水依赖于整个车间工人的生产量，现在只依赖于她们六个人的生产量。

第四个时期，在工作中安排女工上午、下午各一次5分钟的工间休息。

第五个时期，把工间休息延长为10分钟。

第六个时期，每天安排六次5分钟的工间休息。

第七个时期，公司为女工提供一顿简单的午餐。

在随后的三个时期每天让女工提前半小时下班。

第十一个时期，建立了每周工作五天的制度。

最后一个时期，原来的一切工作条件全恢复了，重新回到第一个时期。

心理学家是想通过这一实验来寻找一种提高工人们生产效率的生产方式。的确，工作效率会受到工作条件的影响，然而，出乎意料的是，不管条件怎么改变，如增加或减少工间休息，延长或缩短工作日，每一个实验时期的生产效率都比前一个时期要高，女工们的工作越来越努力，效率越来越高，根本就没关注过生产条件的变化。

想必你一定在好奇，这是为什么呢？

之所以会这样，一个重要的原因就是女工们感到自己是特殊人物，受到了尊重，引起了人们极大的关注，因而感到愉快，便遵照老板想要她们做的那样去做。正是因为受到了重视和尊重，所以，她们工作越来越努力，每一次的改变都刺激着她们去提高生产效率。

被尊重的需要是人的一种高级需要。人与人有差异，人与人在财富、地位、学识、能力、肤色、性别等许多方面各有不同，但在人格上是平等的。维护自己的自尊是人心中最强烈的愿望，因此，满足被尊重的需要对人来说十分重要。很多时候，人们为了获得尊重，会通过追求流行、讲究时髦、用高档商品、买名牌服装等手段来体现自己的价值。

拿破仑当年设立了法国荣誉军团勋章，为士兵发放了15000枚十字勋章，给18位将军授予了"法国元帅"的称号，并将自己的军队称为"宏伟之师"。人们批评他在给身经百战的军人颁发"玩具"，拿破仑答道："人类就是被这种玩具统治着的。"

拿破仑使用了授予他人头衔和权威的技巧，即是尊重他人，迎合他人的自尊心，这种方法在你身上也能发挥作用。

"乐道人之善"，悦纳他人的脚步

社会是由各种各样的人组成的，这些人会有不同的思想性格、兴趣爱好与生活习惯。有的人热情开朗，有的人沉静稳重，有的人性子急躁，有的人心胸狭窄……面对这么多不同性格的人，我们应该怎样使他们乐于按照自己的意愿行事呢？

要想改变他人的行为，首先应该悦纳他人。悦纳他人，就要满怀热忱地和他们相处，容忍并且诚心地尊重他们与自己不同的性格、兴趣和生活方式，还要主动地了解他们的性格特征，熟悉他们的生活习惯，在这个基础上创造和谐融洽的人际环境。

有人同事关系紧张常常是因为不喜欢同事的个性而产生一些恩怨纠纷，在工作上不能很好地合作，甚至互相为难。反之，对于跟自己合得来的人，则不惜牺牲原则，给予种种方便。如果采取的是这种方法，当然会招致不良的后果。正确的态度应该是抛弃个人的成见，即使对某位同事有不好的看法，不喜欢与他私下相处，也应该在工作上保持合作，绝不故意为难。最好还要在工作上多关心他，帮助他解决困难，同心协力做好工作。另外，对私下交情好的同事和朋友，也不能放弃原则，姑息迁就他们的缺点与错误。这既是对朋友负责，也是对自己负责。倘若我们能够这样做，日久天长，就必定可以得到别人的信任，并确立自己的威信，建立良好的人际关系，使他人乐于听从自己的意见。

悦纳他人还应该做到"乐道人之善"。"金无足赤，人无完人。"对待同事、朋友，要多看他们的长处，多学他们的优点，不能看自己是"一朵花"，看别人就是"满身疤"。

乐道人之善，一方面要注意不能因为自己比别人做的工作多一点或能力强一点，就沾沾自喜，瞧不起别人；另一方面还要善于发现别人的优点、长处，对他人的工作成绩多加褒扬。这样，不仅显示出了自己虚怀若谷的风度，有益于团结，而且对自己的成长与进步也会大有好处。当然，对别人应该实事求是、恰如其分，如果不顾事实或夸大事实，效果就可能适得其反。

第四章
DI SI ZHANG

影响不是控制，
你要让自己闪光

从思路开始，让别人追随你的思想

很多时候，无论是演讲、宣传，还是竞选、谈判，我们总希望别人能跟着自己的思路走。可是，每个人都有独立的思维，想要改变别人的想法，让别人按照你的思路来思考问题，是何等的不容易！

要解决这个难题，靠强制性命令来实现是不太可能的，而是需要一些有效的心理技巧来一步步地影响他们。下面有几种方法值得参考：

1. "6+1"法则

在沟通心理学上有一个重要的"6+1"法则，用来说明这样一种现象：一个人在被连续问到6个作肯定回答的问题之后，那么第7个问题他也会习惯性地作肯定回答；而如果前面6个问题都作否定回答，第7个问题也会习惯性地作否定回答，这是人脑的思维习惯。利用这个法则，你如果需要引导对方的思路，希望对方顺从你的想法，你可以预先设计好6个非常简单、容易让对方点头说"是"的问题，先问这6个问题作为铺垫，最后再问一个最重要和关键的问题，这样对方往往会自然地点头说"是"。

2. 问封闭式问题

封闭式问题是与开放式问题相对的一类问题，这类问题的答案往往是"是"或"不是"，"有"或"没有"，等等，答案只是有限的几个选择。封闭式问题与开放式问题有不一样的作用，封闭式问题可以用来得到你预先设想的答案，例如，你问对方"你有没有结婚"，对方的回答只能是"有"或"没有"，这两个答案都是你事先可以预见的。你可以事先就想好如果他回答"有"，你如何继续提问；如果他回答的是"没有"，你又该怎么继续提问。预先设计好的一系列的封闭式问题，可以非常有效地引导对方的思路。

3. 提示引导

提示引导是一种语言模式，用来影响对方的潜意识，使对方不知不觉地转移思路。这种语言模式的基本思路是：先用语言描述对方的身心状态，然后用语言引导对方的思考或是生理状态。例如，你可以说"当你开始听我介绍这个房子的时候，你就会觉得住在这个房间里会很舒服""当你考虑买这辆车的时候，你就会想到带着你的太太和孩子开这辆车兜风是多么开心的事情"，等等，这些都是提示引导的语言模式。其中"当……你就会……"是标准的句式，"当"后面是描述对方的身心状态，"你就会"后面是你引导对方进入的状态或思路。

4. 目的架构

目的架构式谈话就是在一开始就与对方明确这次谈话双方共

同的目的，这会很快地将对方的思路引向真正有价值、有利于解决问题的地方。例如，两辆车发生追尾事故，车子都有了破损，两辆车的司机都很气愤，发生了口角。如果其中一位能使用目的架构，问对方："这位先生，你觉得我们现在最重要的是解决问题呢，还是要吵架呢？"这个问题指出了当前重要的不是要吵架，而是要解决问题，然后继续各自的行程。那么双方的争吵可能会立即终止，因为目的架构将对方的思路完全从争吵的状态引到了解决问题上面来。

知道了这些技巧，我们就没必要再纸上谈兵了。你不妨在今后的实际生活中应用一下这些巧妙的方法，让对方顺从你的思路，从而达到你的目的。

发挥"独立性"魅力，让别人依赖你

我们先来看一个著名的故事。

美国石油大亨老洛克菲勒是这样教育孩子的：有一天，他把孩子抱上一张桌子，鼓励他跳下来，孩子以为有爸爸的保护，就放心地往下跳。谁知往下跳的时候，爸爸却走开了，小洛克菲勒摔得很重，坐在地上大哭起来。这时，老洛克菲勒语重心长地对孩子说："孩子，不要哭了，以后要记住，凡事要靠自己，不要指望别人，有时连爸爸也是靠不住的！从现在就开始学会独立地生活吧！"

洛克菲勒家族中的孩子，从小就不准乱花钱，每一个孩子可支配的少量零花钱也要记账。在学校读书时，一律在学校住宿，大学毕业后，都是自己去找工作。直到他们在社会中锻炼到能经得起风浪以后，上一辈人才把家产逐步交给他们。

正是因为洛克菲勒家族注重培养孩子的独立生活能力，才使孩子养成独立、自强的习惯。所以洛克菲勒家族历经几个世纪而依然繁盛如初。

要知道，依赖别人会产生不少危害。诸如，想办一件事不敢独立去做，总是想跟他人一块去做；遇事没有主见，总是等待别人做出决定；不相信自己，不敢讲出自己的见解，怕得不到人们的认可；对领导唯命是从，让干啥就干啥，只求生活平稳、少烦恼，等等。

可反过来想，如果减少对别人的依赖，而让别人依赖你，这是一种制胜的智慧。当人们习惯于依赖你的时候，他们依赖你去获得他们想要的幸福和财富，便会对你毕恭毕敬，彬彬有礼。他们对你的依赖性越大，你的自由空间也就会越大。

至于如何培养自己的独立性，并表现得既不夸张也不张扬，同样是一种技术。

平时，你要树立独立的人格，培养自主的行为习惯。要用坚强的意志来约束自己，无论做什么事都有意识地不依赖父母或其他人，同时自己要客观看待自己，不断开动脑筋，把要做的事的得失利弊考虑清楚，这样心里就有了处理事情的主心骨，也就能妥善、独立地处理事情了。

要注意树立人生的使命感和责任感。一些没有使命感和责任感的人，生活懒散，消极被动，常常跌入依赖的泥潭。而具有使命感和责任感的人，都有一种实现抱负的雄心壮志。他们严格要求自己，做事认真，不敷衍了事、马虎草率，具有一种主人翁的精神。这种精神是与依赖心理相悖的。所以，你要学会选择这种精神，从而树立自我的主体意识。

当然，你也可单独地或与不熟悉的人办一些事或做短期外出旅游，这样做是为了锻炼独立处事能力。自己单独地办一件事，完全不依赖别人，无论办成或办不成，对你都是一种锻炼。与不熟悉的人外出旅游，由于不熟悉，出于自尊心和虚荣心，你不会依赖他人，事事都得自己筹划，这无形之中就抑制了你的依赖心理，促使你选择自力更生，有利于你独立的人生品格培养。

培养了自己的独立性，无论在生活中、学习中，还是在工作中、创业中，你都可以用你的独立表现出你的能力，从而让他人需要你、依赖你。

恪守信用能赢得对方长久信赖

信用是长时间积累的信任和诚信度，它是我们与人竞争和与人共处时最重要的资本。一个有交际能力的人应该是一个恪守信用的人，以诚信去处理人际关系才会赢得别人的信任与尊重，赢得更多的朋友，有时甚至可以决定你的生存质量和命运走向。

一个顾客走进一家汽车维修店，自称是某运输公司的汽车司机。"在我的账单上多写点零件，我回公司报销后，有你一份好处。"他对店主说。

但店主拒绝了这样的要求。

顾客纠缠说："我的生意不算小，会常来的，你肯定能赚很多钱！"

店主告诉他，这事他无论如何也不会做。

顾客气急败坏地嚷道："谁都会这么干的，我看你是太傻了。"

店主火了，他要那个顾客马上离开，到别处谈这种生意去。

这时顾客露出微笑并满怀敬佩地握住店主的手："我就是那家运输公司的老板，我一直在寻找一个固定的、信得过的维修店，你还让我到哪里去谈这笔生意呢？"

面对诱惑，店主没有心动，不为其所惑，坚守诚信，因此他赢得了顾客的信任。诚信是为人之本、立业之基，是打开你人际关系的"万能钥匙"。

如今，我们需要的是信任、信赖和相互扶持，这就需要我们敞开心扉，用真诚和诚实对待别人，用诚信之心面对周围的人和事物，因为只有诚信才能征服别人，赢得尊重。

尼泊尔的喜马拉雅山南麓是风靡世界的旅游胜地，但是，谁能想象到这样一块胜地早年却是少有人问津的地方，而它的美名乍现于天下却源于一位少年的诚信。

起初，有一些日本人到这里来观光旅游，他们想亲眼看见喜马拉雅山的壮观和伟岸。由于不熟悉当地环境和语言，有一天，几位日本摄影师不得不请当地一位少年代买啤酒，结果，这位少年为之跑了3个多小时买回了啤酒。第二天，那个少年又自告奋勇地再替他们买啤酒。这次摄影师们给了他很多钱，但直到第三天下午那个少年还没回来。于是，摄影师们议论纷纷，都认为那个少年把钱骗走了。但令人意想不到的是，第三天夜里，那个少年敲开了摄影师的门。原来，他只购得4瓶啤酒，为了购买另外的6瓶，他又翻了一座山，蹚过一条河才购得，然而，他返回时却因绊倒摔坏了3瓶。他哭着拿着碎玻璃片，向摄影师交回零钱，在场的人无不动容。这个故事使许多外国人深受感动。后来，到这儿的游客就越来越多了……

不要以为"陈规老套"对当代人早已过时了，不适用了，我们应该耍小聪明的时候就要耍了……如果你这么想，那你就大错特错了。其实，很多老祖宗留下的东西都是"宝贝"，弃之不用，你只会在无数摸爬滚打中"栽跟头"，在无数挫折困难中验证它们的价值。

譬如诚信，"无信者不足以立于天下"，也许一个背信弃义的人在人际交往中可能取得暂时的利益，能暂时得意，也不会有羞辱之感，但是时间会碾碎他，时间会抛弃他，时间会让他曾经

"购买"的"股票"全部贬值，而且贬得一文不值。

在这个世界上有些东西是具有永久的"储藏"价值的，诚信便是，"储存"诚信能让你赢得别人的信赖和信任，更能征服别人，让你的"腰板"更直，是助你的学业或者事业取得成功的重要砝码。

真诚分享个人体验是赢得信任的方法

要赢得对方的信任，进而说服对方的方法是很多的，但其中很重要的一方面就是说话必须要有效果，要懂得说话的技巧和方法。

爱默生认为，不管一个人的地位如何低，都可以向这个人学习某些东西，因此每一个人跟他说话时，他都会侧耳聆听。相信在银幕外面时没有一个人听过的话比卡耐基更多，只要是愿意说出个人体验的人，就算他所得到的人生教训微不足道，卡耐基仍然能够听得津津有味，始终不曾感到乏味。

有一次，有人请卡耐基训练班的教师在小纸条上写下他们认为初学演说者所碰到的最大问题。经过统计之后发现，"引导初学者选择适当的题目演说"，这是卡耐基训练班上课初期最常碰到的问题。

什么才是适当的题目呢？假使你曾经具有这种生活经历和体

验，经由经验和省思而使之成为你的思想，你便可以确定这个题目适合于你。怎样去寻找题目呢？深入自己的记忆里，从自己的背景中去搜寻生命中那些有意义并给你留下鲜明印象的事情。

多年前，卡耐基根据能够吸引听众注意的题目作了一番调查，发现最为听众欣赏的题目都与某些特定的个人背景有关，例如：

早年成长的历程：与家庭、童年回忆、学校生活有关的题目，一定会吸引他人的注意。因为别人在成长的环境里如何面对并克服阻碍的经过，最能引起听众的兴趣。

你的嗜好和娱乐：这方面的题目依各人所好而定，因此也是能引人注意的题材。说一件纯因自己喜欢才去做的事，是不可能会出差错的。你对某一特别嗜好发自内心的热忱，能使你把这个题目清楚地交代给听众。

幼年时代与奋斗的经过：像有关家庭生活、童年时的回忆、学生时代的话题，以及奋斗的经过，几乎都能赢得听众的注意，因为几乎所有的人，都很关心其他的人在各自不同的环境中，如何碰到障碍，以及如何克服障碍。

年轻时代的力争上游：这种领域的话题，亦颇富于人情味以及趣味。为了争口气，在社会上扬眉吐气，这种力争上游的经历，必能牢牢地抓住听众的心。你如何争取到现在的工作？你如何创办目前的事业？是什么动机促成你今日的成就？这些都是受欢迎的好题材。

特殊的知识领域：在某一领域工作多年，你一定可以成为这方面的专家。即使根据多年的经验或研究来讨论有关自己工作或职业方面的事情，也可以获得听众的注意与尊敬。

不同寻常的经历：你碰到过伟人吗？战争中曾经受过炮火的洗礼吗？经历过精神方面的危机吗？诸如这些经验，都能够成为很好的题材。

因此，你可以用下面的方法赢得听众的信任。

1. 说自己经历或考虑过的事情

若干年前，卡耐基训练班的教师们在芝加哥的希尔顿饭店开会。会中，一位学员这样开头："自由、平等、博爱，这些是人类字典中最伟大的思想。没有自由，生命便无法存活。试想，如果人的行动自由处处受到限制，那会是怎样的一种生活？"

一说到这儿，他的老师便明智地请他停止，并问他何以相信自己所言。老师问他是否有什么证明或亲身经历可以支持他刚才所说的内容。于是他告诉了大家一个真实感人的故事。

他曾是一名法国的地下斗士。他告诉大家他与家人在纳粹统治下所遭受的屈辱。他以鲜明、生动的词语描述了自己和家人是如何逃过秘密警察的追捕并最后来到美国的。他是这样结束自己的讲话的："今天，我走过密歇根街来到这家饭店，我能随意地自由来去。我经过一位警察的身边，他也并不注意我。我走进饭店，也无须出示身份证。等会议结束后，我可以按照自己的选择前往芝加哥任何地方。因此请相信，自由值得我们每个人为之奋斗。"

全场的人起立为他热烈地鼓掌。

2. 讲述生命对自己的启示

诉说生命启示的演说者，绝不会吸引不到听众。卡耐基从经验中得知，很不容易让演说者接受这个观点——他们避免使用个人经验，以为这样太琐碎、太有局限性。他们宁愿上天下地去扯些一般性的概念及哲学原理。可悲的是，那里空气稀薄，凡夫俗子无法呼吸。人们都会关注生命，关注自我，因此当你去诉说生命对你的启示时，他人自然会成为你的忠实听众。

3. 真切显露你的诚意

这里有个问题，即你以为合适的题目，是否适合当众讨论。假设有人站起来直言反对你的观点，你是否会信心十足、热烈激昂地为自己辩护？如果你会，你的题目就对了。

学会推销自己，让他知道你重要

交际中，想要赢得他人的信任，首先需要让对方对你有所了解，那么，自我推销就显得非常重要。尤其在初次见面时，如果能让人对你留下深刻的印象，那将是非常重要的。

为了做好自我推销，你首先要做好自我介绍。

当你们见面，目光相对，互露微笑之后，接下去就是"我叫……"的自我介绍，这种介绍的要点就是要讲清楚自己的名字和身份。如果对方因没有搞清你的名字而叫错你，彼此一定会觉得很尴尬，很容易造成不愉快的场面。因此，自我介绍时，除了要讲清楚自己的名字和身份外，最好附带一句能给别人留下深刻印象的解释，比如说："我姓张，弓长张。"这样不但不会使对方产生误解，还可以加深对方的印象。

非常重要的一点是必须记牢对方的名字，最好的办法就是找机会说出对方的名字，帮助记忆，在讲话中时常提到对方的名字，这样对方会觉得你很重视他而感到愉快，促进感情交流。

接下来，你就可以向别人推销你的优点了，当然在自我推销时，你必须抓住时机。在中国历史上关于推销自己的故事就很多，毛遂自荐便是最著名的一个例子。

当时，赵国被秦国打得节节败退，公子平原君计划向楚国求救，打算从门下食客当中挑出二十位文武兼备的人随行。结果精选出十九位，还差一位无法选出，平原君伤透了脑筋，这时有个叫毛遂的人自我推荐，要求加入。

平原君大为惊讶，就对毛遂说："凡人在世，如同锥子在袋子里面，若是锐利的话，尖端很快就会戳穿袋子，露在外面，而人会出人头地。可是，你在我门下三年，一向默默无闻，你没有展露锋芒。"

毛遂回答说："我之所以默默无闻，就是因为我一直没有机会，如果把我放在袋子里面，不仅尖端，甚至连柄都会露在外面。"

平原君听完后，就决定让他加入行列，一同前往楚国求救。

到了楚国后，毛遂一鸣惊人，协助平原君成功地完成了任务。其余十九人都望尘莫及，自愧不如。

无论与什么人打交道，请记住，只有你真正向别人推销出你的才能时，别人才会信任你，你们的交往才会顺利进行，你的事情自然也会更好办。

帮人挽面子，自己赚人气

在人多的场合，常常会有各种意想不到的情况让某些人觉得下不来台。这种时候如果你能巧妙地帮别人下台阶，既可以为对方挽回面子，缓和紧张尴尬的气氛，还能让在场的其他人称赞你会维护场面。谁都愿意和懂得维护场面而不是拆台的人交往。

当你要帮他人挽回面子的时候，不妨试试下面这些办法：

1. 给对方寻找一个善意的动机

装作不理解对方尴尬举动的真实含义，故意给对方找一个善意的行为动机，给对方铺一个台阶下。

一天中午，一位老师路过学校后操场时，发现前两天帮助搬运实验器材的几位同学正拿着一枚实验室特有的凸透镜在阳光下做"聚焦"实验。当时他就想：他们哪儿来的透镜？难道是在搬迁时趁人不备拿了一枚？实验室正丢了一枚。是上去问个究竟还是视而不见绕道而去？为难之时，同学们发现了他，从同学们慌乱的神情中他肯定了自己的判断，当时的空气就像凝固了似的。但是他很快想出了一条妙计，他笑着说："哟，这透镜找到了！谢谢你们！昨天我到实验室准备实验，发现少了一枚透镜，我想大概是搬迁过程中丢失了，我沿途找了好几遍都未能找到，谢谢你们帮我找到了这枚透镜。这样吧，你们继续实验，下午还给我也不迟。"同学们轻松地点了点头，尴尬的局面就这样被轻松化解了。

这位老师采用了故意曲解的方法，装作不懂学生的真实意图，反认作是他们帮助自己找到了透镜，将责怪化成了感激，自然令学生在摆脱尴尬的同时又羞愧不已。

2. 顺势而为

有时遇到意想不到的尴尬情景，不妨顺势而为，发挥幽默的力量，既不失礼于人，也体现了自己的风度。

喜剧女演员卡洛·柏妮有一次在某餐厅里用餐，一位老妇人走向她的餐桌，举起手来摸了摸卡洛的脸庞。最后这位老妇人带着歉意说："我看不出有多好看。""省省您的祝福吧！"卡洛·柏妮笑着说，"我看起来确实也没有多好看。"卡洛·柏妮这一妙语，化解了双方的尴尬。

3. 委过于不在现场的第三者

故意将对方的责任归于不在现场的他人，主动地为对方寻找遮掩不妥行为的借口。

一位顾客在商场里买了一件外衣之后，要求退货。衣服她已经穿过一次并且洗过，可她坚持说"绝对没穿过"，要求退货。

售货员检查了外衣，发现有明显的干洗过的痕迹。但是，直截了当地向顾客说明这一点，顾客是绝不会轻易承认的，因为她已经说过"绝对没穿过"，而且精心地伪装过。于是，售货员说："我很想知道是否你们家的某个人把这件衣服错送到干洗店去过，我记得不久前在我身上也发生过同样的事情。我把一件刚买的衣服和其他衣服堆在一块，结果我丈夫没注意，把这件新衣服和一堆脏衣服一股脑地塞进了洗衣机。我觉得可能您也会遇到这种事情，因为这件衣服的确看得出洗过的痕迹。您不信的话，咱们可以跟其他衣服比一比。"

　　顾客心虚，知道无可辩驳，而售货员又为她的错误准备了借口，给了她一个台阶下，于是她顺水推舟，乖乖地收起衣服走了。

　　总之，在人际交往的过程中，一个会帮别人留面子、挽面子的人会让众人心里都舒服，也会让他的人际关系越来越好。聪明人都懂得利用帮助别人挽回面子的机会为自己赚得人气，你也一定要学一学！

第五章

通晓世事，建立融洽关系

交人交心，人情投资要果断

一个人可以有好几种投资，对于事业的投资，是买股票；对于人缘的投资，是买忠心。买股票所得的资产有限，买忠心所得的资产无限。"纣有人亿万，为亿万心，武王有臣十人，唯一心。"纣之所以败亡，就在于没有这份无形资产。

真正头脑灵活的人，是在自己能力范围之内尽量"给予"的。而受到此种看似不求回报的好意的人，只要稍微有心，绝不会毫无回礼的，他会在能力所及的情况下做出反馈。通过此种交流，彼此关系自能愈来愈亲密，愈来愈牢固。

在日常生活中遇到意想不到的人或好意，往往带给人意外之喜。这种情形下，心中常常只有感动二字。所以，为了要让对方脑海中对自己留下深刻的印象，一些意想不到的行动是很具效果的。

美国老牌影星柯克·道格拉斯年轻时十分落魄潦倒，没有人认为他会成为明星。但是，有一回柯克搭火车时，与旁边的一位女士攀谈起来，没想到这一聊，聊出了他人生的转折点。没过几天，柯克被邀请到制片厂报到。原来，这位女士是位知名制片人。

人际关系是创造机遇的一种最有效成本，哈佛商学院的一位教授总结说，哈佛为其毕业生提供了两大工具：首先是对全局的综合分析判断能力；其次是哈佛强大的、遍布全球的校友联系，在各国、各行业都能提供宝贵的商业信息和优待。对于后者，几位在中国创业的哈佛MBA（工商管理硕士）体会最深。他们在没有其他背景的情况下，靠的就是哈佛MBA这块金色敲门砖，因为在华尔街，在几大风险投资基金中，对哈佛MBA来说，找到校友，就是找到了信任。哈佛校友影响之大，实非言语所能形容，全校有一种超越科学界限的特殊集体精神。哈佛商学院建院92年来，有超过6万名校友，这些校友多半已是各行业的精英，在团结精神凝聚下，建立了紧密的人际关系。

英雄穷困潦倒是常有的事，但只要懂得利用人际关系的投资，就能一飞冲天，一鸣惊人。

人是高级的感情动物，注定要在群体中生活，而组成群体的人又处在各种不同的阶层，适时进行感情投资，有利于在社会上建立一个好人缘。只有人缘好，你的人际交往才能如鱼得水，没人缘的人自然会常常陷入进退两难的境地。

懂得存情的聪明人，平时就很讲究感情投资，讲究人缘，其社会形象是常人不可比的，遇到困难很容易得到别人的支持和帮助。因此，这样的聪明者其交友能力都较一般人有明显的优势。

赢得好人缘要有长远眼光，要在别人遇到困难时主动帮助，不计回报，"该出手时就出手"，日积月累，留下来的都是人缘。

现代人生活忙忙碌碌，没有时间进行过多的应酬，日子一长，许多原来牢靠的关系就会变得松散，朋友之间逐渐互相淡漠。这是很可惜的。

就像西德尼·史密斯所说的："生命是由众多的友谊支撑起来的，爱和被爱中存在着最大的幸福。"一个人如果孤立无援，那他一生就很难幸福；一个人如果不能处理好人际关系，就犹如在雷区里穿行，举步维艰。"条条大路通罗马"，而八面玲珑的人可以在每条大路上任意驰骋。

交往次数越多，心理距离越近

有心理学家曾做过这样一个实验：

在一所中学选取了一个班的学生作为实验对象。他在黑板上不起眼的角落里写下了一些奇怪的英文单词。这个班的学生每天到校时，都会瞥见那些写在黑板角落里的奇怪的英文单词。这些单词显然不是即将要学的课文中的一部分，但它们已作为班级背景的一部分被接受了。

班上学生没发现这些单词以一种有条理的方式改变着——一些单词只出现过一次，而一些却出现了 25 次之多。期末时，这个班上的每个学生都接到一份问卷，要求对一个单词表的满意度进行评估，列在表中的是曾出现在黑板角落里的所有单词。

统计结果表明：一个单词在黑板上出现得越频繁，它的满意率就越高。心理学家关于单词的研究证明了曝光效应的存在，即某个刺激的重复呈现会增加这个刺激的评估正向性。与"熟悉产生厌恶"的传统观念相反，曝光效应表明某个事物呈现次数越多，人们越可能喜欢它。

在人际交往中，要得到别人的喜欢，就得让别人熟悉你，而熟识程度是与交往次数直接相关的。交往次数越多，心理上的距离越近，越容易产生共同的经验，使彼此了解和建立友谊，由此形成良好的人际关系。例如教师和学生、领导和秘书等，由于工作的需要，交往的次数多，所以较容易建立亲近的人际关系。

由此可见，简单的呈现确实会增加吸引力，彼此接近、常常见面的确是建立良好人际关系的必要条件。

当然，任何事物都是辩证的，不是绝对的，我们应该承认交往的次数和频率对吸引的作用，但是不能过分夸大其对交往的作用。俗话说，距离产生美，任何事情都存在一个度的问题。有些心理学家孤立地把研究重点放在交往的次数上，过分注重交往的形式，而忽略了人们之间交往的内容、交往的性质，这是不恰当的。实际上，交往次数和频率并不能给我们带来预想的结果，有时反而会适得其反。

主动吃亏，让对方不得不还你人情

如今，很多人都认为"无论做什么，尽量别吃亏"。其实，吃亏并非都是坏事。有些时候，糊涂处世，主动吃亏，山不转水转，也许以后还有合作的机会，又走到一起。若一个人处处不肯吃亏，则处处必想占便宜，于是，妄想日生，骄心日盛。而一个人一旦有了骄狂之态，难免会侵害别人的利益，于是便起纷争，一旦四面楚歌，又焉有不败之理？

"吃亏"也许只是指物质上的损失，但是一个人的幸福与否，却往往是取决于他的心境如何。如果我们用外在的东西，换来了心境的平和，那无疑是获得了人生的幸福，这便是值得的。

不少好朋友，抑或事业上的合作伙伴，由于种种原因，后来反目成仇了，双方都搞得很不开心。

有这样一个人，他与朋友合伙做生意，几年后一笔生意让他们将所赚的钱又赔了进去，剩下的是一些值不了多少钱的设备。他对朋友说，全归你吧，你想怎么处理就怎么处理。留下这句话后，他就与朋友分手了。显得多有风度，没有相互埋怨，这叫"好合好散"。生意没了，人情还在。他，就是李嘉诚的儿子——李泽楷。

有人问李泽楷："你父亲教了你一些怎样成功赚钱的秘诀吗？"李泽楷说，赚钱的方法他父亲什么也没有教，只教了他一些为人的道理。李嘉诚曾经这样跟李泽楷说，他和别人合作，假如他拿七分合理，八分也可以，那么拿六分就可以了。

李嘉诚的意思是，吃亏可以争取更多人愿意与自己合作。想想看，虽然他只拿了六分，但如果多了一百个合作人，他能拿多少个六分？假如拿八分的话，一百个人会变成五个人，结果是亏是赚可想而知。

李嘉诚一生与很多人进行过或长期或短期的合作，分手的时候，他总是愿意自己少分一点钱。如果生意做得不理想，他就什么也不要了，愿意吃亏。这是种风度，是种气量，也正是因为这种风度和气量，才有人乐于与他合作，他也才越做越大。所以李嘉诚的成功更得力于他的恰到好处的处世交友经验。

很多时候，吃亏是一种福，是智者的智慧。不管你是做老板也好，还是做合作伙伴也罢，你主动吃亏，而旁边的人接受了你的"谦让"，他不仅会一心一意与你合作，跟着你干，而且会因为感谢、感激，不断寻找机会还你人情。

曾经有一个经营砂石的老板，没有文化，也没有背景，但生意却出奇地好，而且历经多年，长盛不衰。说起来他的秘诀也很简单，就是与每个合作者分利的时候，他故意只拿小头，把大头让给对方。如此一来，凡是与他合作过一次的人，都愿意与他继续合作，而且还会因为感激介绍一些朋友，以至朋友的朋友也都成了他的客户。人人都说他好，因为他只拿小头，但所有人的小头集中起来，就成了最大的大头，他才是真正的赢家。

不过，"吃亏是福"不能只当套话来理解，应在关键时候有敢于吃亏的气量，这不仅体现你宽广的胸怀，同时也是做大事业的必要素质。把关键时候的亏吃得淋漓尽致，才是真正的赢家。

现实生活中，不要因为吃一点亏而斤斤计较，开始时吃点亏，实为以后的不吃亏打基础，不计较眼前的得失是为了着眼于更大的目标。那些没有"手腕"的人，都怕便宜了别人，可吃亏的却往往是自己。

　　人非圣贤，谁都无法抛开七情六欲，但是，要成就大业出人头地，就要学会适度糊涂，就得分清轻重缓急，该舍的就得忍痛割爱，该忍的就得从长计议。正所谓"吃人嘴短，拿人手软"，主动让别人占便宜，你就等于给对方放了一份人情债，那么他对你日后的请求也就不好拒绝了，甚至你无须请求，他都会主动来帮助你。

互惠，让他知道这样做对他有利

　　一位心理学教授做过一个小小的实验：

　　他在一群素不相识的人中随机抽样，给挑选出来的人寄去了圣诞卡片。虽然他也估计会有一些回音，但却没有想到大部分收到卡片的人，都给他回了一张。而其实他们都不认识他啊！

　　给他回赠卡片的人，根本就没有想过打听一下这个陌生的教授到底是谁。他们收到卡片，自动就回赠了一张。也许他们想，可能自己忘了这个教授是谁了，或者这个教授有什么原因才给自己寄卡片。不管怎样，自己不能欠人家的情，给人家回寄一张，总是没有错的。

　　这个实验虽小，却证明了互惠在心理学中的作用。它是人类社会永恒的法则，是各种交易和交往得以存在的基础，我们应该尽量以相同的方式回报他人为我们所做的一切。

如果一个人帮了我们一次忙，我们也应该帮他一次；如果一个人送了我们一件生日礼物，我们也应该记住他的生日，届时也给他买一件礼品；如果一对夫妇邀请我们参加了一个聚会，我们也一定要记得邀请他们到我们的聚会上来。

由于互惠的影响，我们感到自己有义务在将来回报我们收到的恩惠、礼物、邀请等。人与人之间的互动，就如坐跷跷板一样，不能永远固定某一端高、另一端低，就是要高低交替。一个永远不肯吃亏、不肯让步、不与别人互惠的人，即使真正赢了，讨到了不少好处，从长远来看，他也一定是输家，因为没有人愿意和他玩下去了。

中国古代讲究礼尚往来，也是互惠的表现。这似乎是人类行为不成文的规则。

一个人向朋友请教一件事，两人聚会吃饭，那么账单就理所当然应由请教的这个人付，因为他是有求于人的一方。如果他不懂这个道理，反而让对方付，就很不得体。

在不是很熟悉的朋友之间，你求别人办事，如果没有及时地回报，下一次又求人家，就显得不太自然。因为人家会怀疑你是否有回报的意识，是否感激他对你的付出。及时地回报，可以表明自己是知恩图报的人，有利于相互之间继续交往。

而且如果不及时回报，会给你带来一些麻烦。你一直欠着这个情，如果对方突然有一件事反过来求你，而你又觉得不太好办的话，就很难拒绝了。俗话说："受人一饭，听人使唤。"可以说，为了保持一定的自由，你最好不要欠人情债。

当然，在关系很亲密的朋友之间，就不一定要马上回报，那样可能反而显得生疏。但也不等于不回报，只是时间可能拖得长一些，或有了机会再回报。

朋友间维护友谊遵循着互惠定律，爱情之间也是如此。其实世上没有绝对无私奉献的爱情，不像歌里和诗里表现的那样。爱情也是讲求互惠互利的，双方需要保持一个利益的平衡。如果平衡被严重打破，就可能导致关系破裂。

强者也要装脚痛，才能更好地处理人际关系

强者有时也要装脚痛，才能更好地处理人际关系。所以，作为强者来说，在某些时候，某些场合假装踢到"铁板"喊脚痛，收剑一下自己的锋芒，也是很有必要的。

张某和李某二人是大学同班同学，二人无话不谈，彼此都没有秘密，因此班上同学说他们二人是"难兄难弟"，而他们二人也以彼此间的友情而自豪，并且相当珍惜。大学毕业后，二人仍然保持联系。几年过后，二人的工作都换了，也先后结了婚，仍然来往频繁。

后来张某一度落魄，李某则不时给予温情。

过了五六年，张某东山再起，站在一个李某根本无法企及的位置。但自此之后，二人关系淡了，张某找李某，李某总是借故逃避。为什么如此？张某十分纳闷。

张某和李某在校时感情甚好，步入社会时仍能维持一定的关系，原因有两个：一是二人出身背景相近，彼此都感受不到对方的"压力"，因此能融洽相处。如果二人中一为豪门公子，一为寒门子弟，恐怕就不是这个样子。二是初入社会，彼此"成就"差不多，"压力"尚未形成，因此还能维持相处的热情。不过，人是好"比"的，"比"的目的是建立自己在同行中的地位，因此，绝大多数人不会去和不同行业者比，不会去和不同年龄者比，不会去和职业差太多者比，总是会和同班同学比，和同行比，和同阶层比；能"比"对方"高""好""多"，自己就会有一种自我满足。大学生从学校毕业后，前几年看不出差别，但七八年、十多年之后，成就的高下就出现了，所以大学毕业后几年，同学会还办得起来，十年后就不容易办了，因为前几年大家都差不多，十年后成就有了差距，自认没有成就的就不想参加了。

张某和李某的问题也是出在"比"这个字。

本来李某认为他是可以超越张某的，所以他也不吝给予落魄中的张某温情，谁知张某反而在几年后超越了李某，让李某很不是滋味；李某过去的乐观破灭，心理受到了"估算错误"的打击，同时也有了成就比较上的压力，一时无法调适，所以和张某疏远。其实，强者偶尔装装脚痛，表现得隐晦一点，会让弱者在心理上多少得到一些平衡，双方的关系也就不会陷入僵局。

这种现象包含着嫉妒、羡慕的心理，基本上是属于维护自我尊严的防卫性行为。

所以，当你突然在事业上走在同行的前面，第一个影响就是原来的朋友突然少了；不过，这些突然疏远了的朋友也有可能在过一段时间之后和你重新建立关系——反正也比不上你，不如和你保持接触，以便有一个学习的榜样。

女孩子也会有这种情形，而且可能表现得更为直接强烈，例如当某位女孩嫁了一位人人羡慕的对象，那么她的"闺中密友"也有可能很快流失，因为她们可能会因落差而产生自卑心理，不愿再直面曾经的闺蜜。

有些时候，如愿意在弱者面前显示你"脆弱"的一面，表现谦卑，会让对方心理平衡一些，至少在处理人际关系这方面不会让你束手无策，面临尴尬的境地。

给予的要比他人期待的多一点

在和那些尚未建立良好人际关系的朋友、客户或者顾客打交道时，他们都会从各方面去分析和判断你的动机和行动是不是完全利己、自私的，是不是会为他们着想。当他们发现你从来不会为别人着想，只是在为自己的利益做事时，他们就知道你这个人不值得深交、不值得信赖，也就不会再和你进行更深入的生意合作；相反，当你为他们做出了超过他们预期的无私的事情之后，你就会赢得他们的尊重和信赖，你的想法也会变得可信，他们也会乐于和你建立永久性的关系。因为你用行动证明了你对他们的关心。

所以，当你在和别人进行合作时，或者在和别人做第一次生意时，你首先应该想到的是，你可以为他们做出什么样的超出他们预期的无私的事情。你为他们所做的事情越多，你就越有可能和他们建立并发展良好的、持久的人际关系以及生意合作。当然，最好这些事情也是花费不多的。

有一对老夫妇买了一幢园林式新房，想聘请一位园艺师，邻居们一致向他们推荐了一个。于是夫妇俩决定就聘请这个大家推荐的园艺师。

然而令夫妇俩奇怪的是，这个园艺师见到他们之后，除了询问园艺方面的情况外，还问了他们很多其他方面的问题，并一一记在了自己的本子上。比如："每天下班后几点到家？""周末你们喜欢钓鱼吗？""附近你们最欣赏谁家的院子？"诸如此类的问题，这个园艺师都询问得一清二楚。

不过很快老夫妇就明白园艺师的良苦用心了，他除了按时修剪植物外，还总是不断给他们带来惊喜：他会把他们新买的圣诞树挪到一个更阴凉的地方，他会给他们寄一些关于绿色肥料的文章，他还会在周末来临时提前为他们准备好第二天钓鱼用的鱼饵。老夫妇明白为什么邻居都向他们推荐这个园艺师了。

人家无私地向自己提供了这么多服务，自己能不满意吗？

你和对方的关系状况很大程度上取决于你所做的事是否能满足对方的预期。你所做的事达不到对方的预期，对方很难与你合作；你所做的事刚刚符合对方的预期，对方和你的关系也就一般而已；只有你所做的事完全超出对方的预期时，对方才会高兴与你合作，你和他之间才会建立长久的关系。

锦上添花不如雪中送炭

在社会生活中需要感情投资，这个道理很多人都明白，但是如何进行感情投资却没有多少人清楚。其实，感情投资的最佳策略就是雪中送炭，扩大感情投资的性价比。

在《水浒传》中有这样精彩的一幕：

话说宋江杀了阎婆惜后，逃到柴进庄上避难，碰上了武松。当时武松因误以为自己伤人致死躲在柴进庄上。但因为武松脾气不太好，得罪了柴进的庄客，所以柴进也不是十分喜欢他。《水浒传》上说："柴进因何不喜武松？原来武松初来投奔柴进时，也一般接纳管待；次后在庄上，但吃醉了酒，性气刚烈，庄客有些顾管不到处，他便要下拳打他们，因此满庄里庄客没一个道他好。众人只是嫌他，都去柴进面前告诉他许多不是处。柴进虽然不赶他，只是相待得他慢了。"所以，武松在柴进的庄上一直被大家孤立，找不到一个可以交心的朋友，只能一个人天天喝闷酒。

宋江知道武松是个英雄，日后定可为自己帮忙，因此，他到了柴进庄上一见到武松马上拉着武松去喝酒，似乎亲人相逢。看武松的衣服旧了，马上就拿钱出来给武松做衣服（后来钱还是柴进出的，但好人却是宋江做的）。之后"宋江每日带挈他一处，饮酒相陪"，这饮酒的花费自然还是柴进开销的。临分别时，宋江一直送了六七里路，并摆酒送行，还拿出十两银子给武松做路费，而后一直目送武松远离。

正因为这样，武松一直对宋江忠心耿耿，为宋江出生入死。

宋江所付出的可以说是极小的成本，他不过花了十两银子和饯行的一顿饭，却让英雄盖世的武松对他感恩戴德。而柴大官人庇护了武松整整一年，就算后来有所怠慢，也不会少他吃喝用度的，在武松身上的花费岂止区区十两银子。相对于宋江而言，柴大官人真是得不偿失。这位宋大哥在武松心目中的分量恐怕要远远超过柴大官人。为什么柴进名满江湖、出身高贵，却成不了老大，而宋江却可以？因为宋江更懂得如何雪中送炭。

然而，在现实生活中，人们往往热衷于锦上添花，而不屑于雪中送炭。好像能与事业有成的人缔结关系，便可以巧妙地利用对方那股气势。这是理所当然的一种心理，然而在这种情况下交上的朋友，通常无法培育出可靠的人际关系。对万事顺利、春风得意的人，人人都想与他结识，都想与他交上朋友。但一方面他顾不过来，另一方面他也无法与巴结他的人成为真正的朋友。

反之，如果与那些暂不得势的人交往，并成为好朋友，那就可能完全不同了。在他们处于困境中的时候，你能不打折扣地给予帮助，有朝一日，他们飞黄腾达了，会第一个还你人情。那时找他们帮忙，他们便会毫不犹豫地伸出援助之手。

当然，我们说要雪中送炭，并不是说逢人便送，所谓救急不救穷。如果你发现了值得雪中送炭的人，那你就该多多交往。或者乘机进言，指出他失败的原因，激励他改过向上。如果自己有能力，更应给予适当的协助，甚至给予物质上的救济。物质上的救济，不要等他开口，而应该自己主动一些。有时对方很急着要，又不肯对你明言，或故意表示无此急需，你更应尽力帮忙，并且不能有丝毫得意的样子。一面使他感到受之有愧，一面又使他有知己之感。日后如有所需，他必全力回报。

锦上添花易，雪中送炭难。真正有智慧的人都明白：成功的诀窍之一就是要少一些锦上添花，多一些雪中送炭。多结识一些"困龙"，他们将成为你生活中忠实的朋友，事业上得力的助手。

"吃亏是福"——人情债为你储备人缘

有人与朋友一旦分手，就翻脸不认人，不想吃一点亏，这种人是否聪明不敢说，但可以肯定的是，一点亏都不想吃的人，只会让自己的路越走越窄。让步、吃亏是一种必要的投资，也是朋友交往的必要前提。生活中，人们对处处抢先、占小便宜的人一般没有什么好感。爱占便宜的人首先在做人上就吃了大亏，因为他处处抢先，从来不为别人考虑，眼睛总是盯着他看好的利益，迫不及待地想跳出来占有它。他周围的人对他很反感，合作几个来回就再也不想与他继续合作了。合作伙伴一个个离他而去，那他不是吃了大亏吗？

吃亏并非是损失，吃亏是一种谦让的精神，一种成全他人的品德，也是一种人际关系经营之道。

深圳有一个农村来的没什么文化的妇女，起初给人当保姆，后来在街头摆小摊，卖一个胶卷赚一角钱。她认死理，一个胶卷永远只赚一角。后来她开了一家摄影器材店，生意越做越大，还是一个胶卷赚一角：市场上一个柯达胶卷卖二十三元，她卖十六元一角，批发量大得惊人，深圳搞摄影的没有不知道她的。外地人的钱包丢在她那儿了，她花了很多长途电话费才找到失主；有时候算错账多收了人家的钱，她心急火燎地找到人家还钱。听起来像傻子，可赚的钱不得了，在深圳，再牛气的摄影商也得乖乖地去她那儿拿货。

第六章
DI LIU ZHANG

误会解除要及时，
经营好人际关系

发生冲突时学会给人留余地

在与人发生冲突时不说绝话，能体现一个人宽容大度的高尚品格。在正常情况下，人的度量大小是很难表现出来的。而当与别人发生了冲突，难以容忍的时候，能否容人，就能表现得一清二楚了。这时只有那些思想品格高尚的人，才会保持头脑清醒，做出宽容的姿态，不把话说绝，避免两颗本已受伤的心再受到进一步的伤害。

事实上，发生冲突后，双方肯定谁心里都不痛快，很容易失态，口出恶言，把话说绝了。这样的痛快只能是一时的，受伤害的是双方长远的关系和各自的声誉。所以，即使有了再大的矛盾，我们也应该把握住一点，就是不把话说绝，给对方，也给自己一个台阶下。

有的人会说："发生矛盾，我就打算和他绝交了，把话说绝了又怎么样？"真是这样吗？要知道，暂时分手并不等于绝交。友好分手还会为日后可能出现的和好埋下伏笔。有时朋友间分手绝交并非是彼此感情的彻底决裂，而是因一时误会造成的。如果大家采取友好分手的方式，不把话说绝，那么，有朝一日误会解除了，很可能重归于好，使友谊的种子重新绽放出绚丽的花朵。在这方面不乏其例。

丹麦天文学家第谷·布拉赫和德国的天文学家开普勒共同研究天文学，两个人建立了亲密的友谊。后来，开普勒受妻子的教唆，丢下研究课题，离开了第谷。然而第谷并没有因此而指责开普勒，还宽大为怀，写信解释。不久，开普勒终于明白自己误听了谗言，十分惭愧，写信向第谷道歉，并回到已病重的第谷身边。两个人言归于好，再度合作，使他们的名字得以载入科学史册。

从这个事例可以看出，他们之所以能恢复友谊并共同做出成就，是与当时采取友好分手方式有直接关系的。所以说，不把话说绝实在是一种交际美德，值得提倡。

有的人不明白这个道理，他们一和别人发生冲突就取下策而用之，谩骂指责，与人反目为仇，把话说得很绝以解心头之恨。这样做痛快倒是痛快，但他们没有想到，在把别人骂得狗血喷头的同时，也就暴露了自己人格上的缺陷。人们会从这样的情景中看到，他们对别人居然如此刻薄，如此翻脸不认人，从而会离他们远远的，以免惹"祸"上身。

层层释疑，让对方放下心理包袱

无论是求人办事，还是想进一步发展彼此的交情，赢得他人信任是成功交际必不可少的基本条件。因为人的思想是复杂的，有时会对某些事情感觉不是很有把握，或对某一事物不理解、想不通，于是疑虑重重，这些往往是不可避免的。

想从根本上解决这一问题，就要求我们要善于以情定疑，把道理说透。一旦消除了这些疑虑，自然就能够赢得对方的信任。不过，消除别人的疑虑并不是一件很容易的事情，而需要一点一点地层层递进，穷追不舍，把道理讲明白、讲透彻，这就是层层释疑的方法。

1921 年，美国百万富翁哈默听说苏联实行新经济政策，鼓励吸收外资，就打算去苏联做粮食生意。当时苏联正缺粮食，恰巧美国粮食大丰收。此外，苏联有的是美国需要的毛皮、白金、绿宝石，如果双方交换，是一笔不错的交易。哈默打定了主意，来到了苏联。

哈默到达莫斯科的第二天早晨，就被请到了列宁的办公室，列宁和他进行了亲切的交谈。粮食问题谈完以后，列宁对哈默说，希望他在苏联投资，经营企业。因为西方对苏联实行新经济政策抱有很深的偏见，搞了许多怀有恶意的宣传，所以哈默听了，心存疑虑，默默不语。

聪明的列宁当然看透了哈默的心事，于是耐心地对哈默讲了实行新经济政策的目的，并且告诉哈默："新经济政策要求重新发展我们的经济潜能。我们希望建立一种给外国人以工商业承租权的制度来加速我们的经济发展。"

经过一番交谈，哈默弄清了苏维埃政权的性质和苏联吸引外资企业的平等互利原则，于是很想大干一番。但是不一会儿，他又动摇起来，想打退堂鼓。为什么？因为哈默又听说苏维埃政府机构，人浮于事，手续繁多，尤其是机关人员办事拖拉的作风，令人吃不消。

当列宁听完哈默的担心后，立即又安慰他道："官僚主义，这是我们最大的祸害之一。我打算指定一两个人组成特别委员会，全权处理这件事，他们会向你提供你所需要的帮助。"

除此之外，哈默又担心在苏联投资办企业，苏联只顾发展自己的经济潜能，而不注意保证外商的利益，以致外商在苏联办企业得不到什么实惠。

当列宁从哈默的谈吐中听出这种忧虑时，马上又把话说得一清二楚："我们明白，我们必须确定一些条件，保证承租的人有利可图。商人不是慈善家，除非觉得可以赚钱，不然只有傻瓜才会在苏联投资。"

列宁对哈默的一连串的疑虑，逐一进行释疑，一样一样地都给他说清楚，并且斩钉截铁，干脆利落，毫不含糊，把政策交代得明明白白，使得哈默的心好像一块石头落了地。没过多久，哈默就成了第一个在苏联租办企业的美国人。

假如当初列宁不是耐心地消除哈默的疑虑，让他放下心理包袱，那么哈默很有可能就不会在苏联投资了，那样无论对哪一方都将会是一种损失。

因此，在交际中当对方心存疑虑时，你若是想赢得对方的信任，最好采用层层释疑的方法，巧妙化解对方心中的疑团，让对方放下心理包袱，那么彼此间的交往就会变得顺畅多了。

用好态度打消对方疑心，让他知道你可信

在消除对方疑虑取得信任的过程中，好态度是一个不容忽视的重要因素。下面，我们一起来看看卡耐基在这方面的亲身经历。

有一次，卡耐基受一家公司委托，请求某位学者帮忙。起初工作进展得好像很顺利，但是不久之后，公司的负责人给他打来了一个令人不解的电话，说不知道为什么，学者的态度突然变了，弄不好会拒绝工作。卡耐基对学者采取了各种方法，仍无济于事。即使是允诺改善工作报酬、放宽日期也未能打动他的心。

卡耐基想总得见他一面，听听情况。于是，当天晚上，他陪公司负责人拜访了那位学者。在学者家里，卡耐基听到学者说的话之后感到非常意外，那位学者提到担心公司方面是否能履行有关合同，和公司配合得不够默契，等等。

卡耐基知道在这种情况下说服也是不起作用的，因此在回

家的途中，他向与他同路的公司负责人建议说："我不知道究竟是什么原因造成了这样的结果，也许是一些不重要的小事引起了他对公司的不信任，现在说服他是没有用的。为了打破僵局，你应该尽快向对方表示出公司的诚意和热情。"

第二天早上天刚亮，公司负责人就兴高采烈地给卡耐基打电话说："先生，他又愿意接受工作了。"原来，那天夜里他们分手以后，公司负责人又回到学者家附近，在那里拦了一辆出租车，等待着次日要搭第一趟火车去旅行的学者，并把学者送到了火车站。公司负责人又说："我一直祈祷着学者能乘坐我准备好的出租车，因为他坐不坐这辆车是事情能否成功的关键。"听他这么一说，卡耐基认为那位学者的不信任感也该冰消瓦解了。

这件事只不过是卡耐基的一点点经历，相信很多读者也可能被对方这样拒绝过。不难看出，卡耐基之所以会感到那位学者拒绝工作的原因可能来自对公司的不信任感，也可能是从他的言行中发现了具有不信任感的人所具有的特征。

业务员布鲁克想向一个农场的主人推销收割机。可到达农场后他才知道，已经有十几个其他公司的业务员向农场主人推销过收割机，而农场主人都没有买。

布鲁克来到农场时，无意中看到花园里有一株杂草，便弯下腰去把那株杂草拔掉。这个小小的动作恰巧被农场主人看见了。

布鲁克见到农场主人后，说明了自己的来意，正打算详细介绍一下公司的收割机时，农场主人却阻止他说："不用介绍了，你的收割机我买了。"

布鲁克大感疑惑地问："先生，为什么您看都没看我的产品就决定购买了呢？"

农场主人回答说："第一，你的行为已经告诉我，你是一个诚实、有责任感、心态良好的人，因此值得信赖；第二，我目前也确实需要一台收割机。"

如果对人不信任，通常就会产生强烈的疑心。因此，一般人不认为是什么大问题的事情他却会觉得非常严重。例如，反复叮咛对方要守约、保守秘密、互相尊重人格等这些做人最基本的原则，或是将互相信任的人之间用来开玩笑的事情，视为了不得的大问题。

同时，若是担心自己不知何时被不信任的对方所"出卖"，也是会表现出拒绝对方接近的态度。例如，说话带刺，或是你说一句，他却反驳两三句。不过，这些表现尚属初期的症状，一个怀有根深蒂固的不信任感的人，或认为反驳对方也无济于事的人，往往会采取没有反应、装作没听见或爱理不理的拒绝方式。尽管他与你对面而坐，往往表示出与所谓敞开胸襟的态度完全相反的别扭态度。有时虽然自己不开口，却想窥测你心中的细微变化。因此，眼神中会充满冷漠的寒光或将视线移向别处。

还需要注意的是，如果发现对方持有不信任感，对他使用了不适应他心理的交流方法，反而会加厚对方的心理屏障。因此，首先要搞清楚对方产生不信任感的原因，然后再根据它将会怎样发展下去这种心理结构，进行进一步的交流往来。

避免与对方争论

当你打算说服一个人的时候，最愚蠢的方法就是跟对方争论。我们已经知道，几乎没有人会因为争论失败而改变自己的想法。争论确实能够带给你一时的快感，但是却会使你得不偿失。

遗憾的是，有很多人经常犯这样的错误。年轻时候的本杰明·富兰克林就非常喜欢与人争论。当时他与镇上一个小伙子关系很好，两个人在一起的时候，常常争得面红耳赤。他们都非常喜欢辩论，很想驳倒对方，获得片刻的成就感。这种嗜好让富兰克林养成了一种习惯，那就是：在和人讨论的时候，他常常会不自觉地去寻求一种与对方不同的意见——不管是对还是错。富兰克林发现，除了律师、大学生和一些特别的人外，对一般人而言，这其实是一种非常不好的习惯。就像他，常常因为这种习惯而得罪人。

于是，富兰克林决定改变这种好争论的习惯。当他致力于提高自己的语言水平的时候，他看到了一本分析英语语法的书，其中有一篇关于逻辑的文章，是苏格拉底论辩的实例，这让他受益匪浅。不久之后，富兰克林又找到了《回忆苏格拉底》一书，里面有大量的苏格拉底式的论辩的实例。富兰克林接受了这种方法，放弃了率性的反驳和绝对的争辩，从而让自己成了一个谦逊的提问者和怀疑者。这使得富兰克林彻底改变了自己在人们心目中的形象。

格拉瑞是卡耐基口才训练班的学员，他是纽约一家木材公司的推销员。多年来，他都在跟那些冷酷无情的木材质检员打交道。他们常常因为一个小问题而发生争执，有时候甚至吵得不可开交。争论往往是以格拉瑞取得胜利而告终，但是这种胜利却使他和木材质检员的关系冷淡，使公司总是赔钱。在上了卡耐基口才训练班的课程之后，他决定改变策略了。

一天早上，质检员打电话给格拉瑞说他们公司的木材不合格，现在已经停止卸货，并且要他马上把木材运回。原来卸完木材总量的1/4之后，质检员声称这批木材的合格率仅为50%，因此拒绝接受这批木材。

格拉瑞很快赶到了现场。对方的采购员和质检员看到他之后，马上摆出了一副准备吵架的神态。格拉瑞说："我一声不吭，和他们一起走到了那些已经卸下的木材面前，并仔细地看了看那些木材，然后听了他们的意见。根据我的经验判断，他们又一次犯了错误，因为这种木材是白松。实际上，质检员对这种木材并不熟悉，他最熟悉的是硬木，但是他却自认为对白松木也很内行。而比较而言，我比他更熟悉白松木。

"如果在以前的话，我会马上指出他的错误，并和他进行一场争辩，但是这次我并没有这么做。我对他们的木材分类方法没有提出任何异议，而是告诉他们，他们可以把不合格的木材挑出来，我立刻把它们运回去。这一办法果然很有效，他们立即变得热情起来，我们之间的紧张感开始消除，大家的关系也显得很友好。之后，我建议他们重新对这些木材进行检查，并提醒他们白松木和硬木是不一样的。质检员终于承认他其实对白松木没有多少经验，然后虚心征求了我的意见。"

最后，他们接受了全部的木材，给了格拉瑞全价的支票。从那以后，格拉瑞和质检员的关系越来越好，后来还成了朋友。

这种做法的作用多么明显啊！从"敌人"到朋友的转变，只是因为其中一方避免了争论。因此，如果你想要说服一个人，就要避免同对方争论。

任何一个人只要被他人攻击，都会下意识地产生自我保护的意识。当他受到言语的攻击时也是一样的。因此，争论是不会使对方相信你说的话的。当你想说服对方时，你需要冷静地把事实指给他看，与他从容地交谈。

而且，争论往往会使你失去许多时间和精力，并且也会大大刺激你的血液循环，使你没有办法安静下来去弄清事实的真相，或者找到更好的解决办法。从这个角度考虑，你也完全没有必要花这么多精力去干那种既没有意义也没有任何好结果的事情。

为了避免跟对方争论，我们在与对方意见发生冲突的时候，需要注意以下这些问题：

欢迎不同意见

不同的意见往往带来看问题的不同角度，这会使你收获不小。一个人往往是从自己的立场出发，根据自身的经验和知识，以自己的价值观判断一件事情或一个人的，所以每个人都很难说自己的看法就是正确的。学会从别人的意见中去发现自己想要的东西，这样你就能够做到尽可能全面地看问题。也许这样，你就不会那么激烈地反对跟你持有不同意见的人了。

了解对方的看法

不要一言不合，就开始跟对方争论起来。你至少应该听完对方说的话，这样才能明白他究竟想表达什么意思。不要想当然地认为自己能够根据一句或几句话给对方下结论，因为根据一般的习惯，人们往往并不会在一开始就表明自己的观点。一开始就打断对方说话，急于下结论，这是没有忍耐力和没有修养的表现。

试着从对方的角度去考虑问题。站在对方的立场上，顺着对方的思路去思考。不要犯偏执的毛病，不要妄自尊大，也不要让对方觉得你纯粹是为了反对他而跟他争论。要让对方意识到，你是在发表意见，而不是在争论。

态度真诚地发表意见

当一个人跟你谈话的时候，他并不是想听你的教训的。你们并不是说教与被说教的关系，而是平等的对话者。和你一样，他也会认为自己的想法是对的，并且毫不犹豫地使自己相信这一点。

如果你确实认为对方是错误的而你是正确的，并且能够确保这种判断不会有什么偏差，那么就用真诚的态度跟他说话。用一点技巧避免争论，循循善诱地使他慢慢地相信这一点，让他自己说服自己。

维护人际关系要拿捏最适合的相处"距离"

维护人际关系要拿捏最适合的相处"距离"，根据自己与交往对象的具体情况，调整双方的距离，使交往双方能在平衡中实现和谐的交流互动。

在人际交往中，对于交往的渴望导致了交往的可能，而在交往中，我们一般遇到的问题不是交往渴望太微弱，而是因过于强烈的交往愿望导致拿捏不准交往距离，使交往失衡。

过于强烈的交往渴求使得我们既不考虑双方所存在的客观条件差别，也不考虑双方在交往中的不同主观意愿，一意孤行，将自己这种强烈的愿望加在交往中，结果往往是对方反感、自己受伤，交往戛然而止。其实，交往双方在思想感情与心理愿望不能达成一致的情况下，双方传递的心理能量是不能平衡的，只会导致交流与互动的中断，双方对于交往不能产生很高的满意度，交往便会终止。因此，在交往中，把握双方的主客观情况，拿捏交往时最适当的距离，使双方的气场始终处于一个平衡状态，则能为和谐交往打下良好的基础。

一位心理学家做过这样一个实验：在一个刚刚开门的阅览室里，当里面只有一位读者时，心理学家就进去坐在他的旁边。实验进行了整整 80 人次，结果证明，在一个只有两位读者的空旷的阅览室里，没有一个被试者能够忍受一个陌生人紧挨自己坐下。当心理学家坐在他们身边时，被试者不知道这是在做实验，多数人很快就默默地离开到别处坐下，有人则干脆明确表示："你想干什么？"这就说明，人们不管走到哪里，"私人空间"的意识都永远存在。

我们都有自己的私人距离，陌生人走进这个地带，很容易被我们察觉，并产生强烈的排斥。把握好人际交往的恰当距离，需要你懂得并接受对方的这种私人距离。随便侵入别人的私人地带，会冒犯别人，令对方产生厌恶与排斥，使人际交往失衡。

在人际交往中，最佳距离的确定要具体考量交往对象各方面的情况以及你与交往对象的亲密程度。美国人类学家爱德华·霍尔在《无声的语言》中制定了一个人际心理距离的尺度，用四个区域来表示：

（1）亲密区，属于家庭成员、莫逆之交等最亲密的人。

（2）熟人区，又分两个层次。一是私人的空间距离，夫妻或情侣之间的距离；二是属于老同学、老同事、关系融洽的邻居之间的距离。

（3）社交区，也分两个层次。一是一般性交谈，如在办公室里一起共事的人之间；二是彼此相识，但不熟悉，如正式会谈时，人们一般保持的距离。

（4）公共区，演讲者与听众以及人与人之间极为生硬的交谈所保持的距离。

对照这个心理距离来考察你和交往对象之间的实际情况，调整自己的交往迫切程度，把握好交往的距离，可使双方处于气场的平衡状态，使双方对交往都满意。另外，一个适当距离的确定还和交往者的文化背景有关，例如，一般来说，与美国人交谈时，距离不得小于60厘米。

我们了解了交往中人们的自我空间及适当的交往距离，就能有意识地选择与人交往的最佳距离；而且，通过空间距离的信息，还可以很好地了解一个人的实际社会地位、性格以及与他人的关系。根据交往对象拿捏你与对方最恰当的交往距离，使双方的交往能够在融洽的状态下顺利进行。

第七章
DI QI ZHANG

洞察人心，
把话说到对方的心窝里

从对方的角度看问题，理解别人的情绪

由于人的思维方式不同，所以不论是做生意还是解决纠纷，双方在具体解决方案上一定会有差别。

当两人争吵时，他们围绕的虽然是同一主题，但利益诉求却大不相同。对于一场交通事故，肇事双方可能都认为错在对方，理在自己。

在这种情况下，人们总力求对事情本身有更多的了解。但事实上，冲突并不在客观事实本身，而主要来自人们的思维。在解决纠纷时，"真理"只不过是双方为找到最终解决办法而不断讨价还价，最终寻求的一个折中方案。"真理"对双方而言，可能对，也可能错，对这种正误差别的判断恰恰源于双方在理解上的差别。所以，我们要做到以下几点：

1. 从对方的角度来看世界

知道自己的"对"或"好"，在谈判沟通时不如知道对方认为什么是"对"或"好"那么重要。暂时跳离自己，看别人怎么理解情况，你就能以对方了解的方式讲话和行事。若你径自表现出"好"或"对"，而不去弄清楚对方是否有相同的看法，你可能会惊讶于对方的反应。

了解别人的背景、观点，你就可以知道什么使他们兴奋，什么使他们痛苦，什么又惊吓了他们。

生活中他们真正要什么——他们认为怎样能获得。他们上班时是什么人，他们下班后是什么人。

你可以从旁人的判断知道很多他们的事，研究他们从前的决定。知道这些问题的答案，不仅可避免你犯难堪的错误，而且能让你设计你的表达方式，因而你的意见可以跟对方的需要和要求结合。若在谈判前你不能做这项研究，那么在谈话时就应摘取你要的资料。你可以讨论其他的事，或不经意地问："我始终被你的决定所吸引，可以告诉我原因吗？"以此来跟对方建立联系。

这些问题帮助你确定什么使对方做决定，因而你可以更理想地了解对方。

2. 理解别人的"无知"

许多人认为，自己运用的是唯一真实或正确的看世界的方法。他们不去检验他们的看法，经常不知道他们很多的见解只是假设和偏见。指出他们的错误不是你的工作。由于你不能改变别人或至少不能期望改变别人，所以如果你要设计出一项协议，就必须避开那些先入为主的观念。

理解别人和他们的"无知"就必须像他们那样看世界。当你有能力以他们的观点看问题时，你就能知道他们要什么，同时也使他们觉得意见被更快速和完整地听取。

让某人仇恨一辈子的好办法就是放开顾忌、毫不保留地予以严厉批评，这样一定可以奏效，哪怕你的批评完全正确，对方仍会对你恨之人骨。

与人相交，定要切记人本身并不是一种逻辑、理性的动物，而是一种充满感情、偏见和虚荣的动物。

不理解别人而加以评论就像在点燃导火索，足可引爆人们心中浮夸的虚荣与自尊，甚至足可置人于死地。举例来说，伍德将军因遭外界批评而未随军征讨法国，结果是抑郁而终。

英国文坛最著名的小说家哈代因遭不理解而深受创伤，立志终生不再写小说。英国诗人查特顿甚至因遭外议而含愤自杀。

富兰克林年轻时虽然不善交际，但后来却变得精通与人应对之术，最后甚至奉派出使法国。他的成功秘诀正是在于他的信条：理解万岁！

天下再笨的人，也懂得批评、咒骂、抱怨他人；而大部分真这样做的人，也都是笨人。

而要学会理解、宽容，非要品格高尚、自制能力甚强之人才有可能做到。

"伟人之所以表现得伟大，"卡里尔说，"是在于他们对小人物的宽容与体谅。"

所以，我们不妨试着多去理解他人，而别再去批评他人，唯有如此，我们才能不受其弊，反得其利。

学会站在对方的角度说话

在人际交往中，很多人习惯将自己的想法强加给别人，总觉得自己的意见才是最好的。虽然出发点是为了帮助别人解决问题，但却始终没有站在对方的立场上想过这样是否适合。

所以当我们和别人交谈时，应该站在对方的角度仔细想想，询问对方的看法，而不是直接讲一番大道理来强迫对方接受。

孔子说："己所不欲，勿施于人。"说话有不同的方式，有不同的技巧，关键看你会不会转换思想，站在对方的立场，先想想别人。

虽然我们无法成为别人，但我们可以站在他们的角度，进入他们的世界，体会他们的感受，从而成为一个拥有宽广胸怀的人。站在对方的角度思考问题、说话做事，不仅能化解矛盾，甚至还能成就一个人的未来。

在非洲的巴贝姆巴族中，至今依然保持着一种古老的习俗：族长会让族里犯了错误的人站在村子的最高处，公开亮相。每当这时，整个部族的人都会放下手中的活计，赶过来将这个犯错的人团团围住，来赞美他。

人们会自动按照老幼的顺序发言，先从最年长的人开始，告诉这个犯错的人，他曾经为整个部族做过哪些好事。就这样，每个族人都会将自己眼中那个犯错的人的优点叙述一遍。叙述时不能夸大事实，不能出言不逊，必须用真诚的语言，而且不能重复别人已经说过的赞美。整个赞美的仪式，要持续到所有族人都将正面的评语说完为止。

巴贝姆巴族人就是站在犯错的人的角度思考问题。他犯了错，现在当然十分懊悔，想改正自己的错误，此时大家提起他以前做过的好事，那他改正错误的决心肯定会更坚定；若此时大家都去批评他，说他的种种不是，那他未来可能会自暴自弃。

巴贝姆巴族人是智慧的，他们对待犯错的人的态度是：尽管你犯了错，有了缺点，但我们依然爱护你、关心你、接纳你。既然你曾为整个部族做过那么多的好事、善事，有着那么多的优点，那么，请你认真地反思，然后心悦诚服地改正自己的错误。我们整个部族的人都坚信：你一定具备改过向善的信心与能力。

当我们与别人意见相异时，不妨也换位思考一番，从对方的角度去考虑问题、处理问题，我们的换位思考很有可能会打破"山重水复"的局面。

卡耐基曾租用某宾馆的大礼堂讲课。有一天，他突然接到电话，对方提出租金要提高 3 倍。卡耐基不得不前去与经理交涉。卡耐基一见到宾馆经理，并没有表现出生气的样子，而是心平气和地说："我接到通知，有点震惊，不过这不怪你。如果我是你，我也会这么做。因为你是宾馆的经理，你的职责是使宾馆尽可能赢利。"

接下来，卡耐基设身处地为宾馆经理算了一笔账："如果将礼堂用于办舞会、晚会，当然会比租给我更划算。但是，如果你不与我合作，也等于放弃了成千上万有文化的中层管理人员，而这些人是你花再多的钱也买不来的活广告。他们光顾了贵宾馆，很可能会给你带来更多的合作机会。那么哪样更有利呢？"经理被他说服了。

卡耐基之所以成功地说服了经理，在于当他说"如果我是你，我也会这么做"时，他已经完全站到了经理的角度。接下来，他又站在经理的角度上算了一笔账，抓住了经理的兴奋点——赢利，使经理心甘情愿地把天平砝码加到他这边。

千万别认为"如果我是你"只是普通的一句话而已，它的作用是巨大的。对于不易说服的人，最好的办法就是使他认为你与他是站在同一立场的。

当你学会换位思考的时候，就能更多地理解别人，那么也就能实现高效沟通，实现对别人的深度影响。

抓住对方的心理，让沟通更顺畅

要想让对方接受你的劝说，首先要了解对方的心理，再通过对方感觉不到的小小的压力渐渐地使他消除戒备心理，这是很奏效的。

与人交谈时，话题的展开如果能迎合对方的心理，就能以更加牢固的纽带来连接双方心理上的"齿轮"，增进彼此的情感交流，让沟通更加顺畅。

小吴大学毕业以后决心自谋职业。一次，他在一家报纸的广告里看到某公司招聘一位具有特殊才能和经验的专业人员。小吴没有盲目地去应聘，而是花费很多精力，广泛收集该公司经理的有关信息，详细了解这位经理的奋斗史。

那天见面之后，小吴这样开口："我很愿意到贵公司工作，我觉得能在您手下做事，是最大的光荣。因为您是一位依靠奋斗取得事业成功的人物。我知道您28年前创办公司时，只有一张桌子、一位职员和一部电话机，经过您的艰苦奋斗，才有了今天的事业。您这种精神令我钦佩，我正是奔着这种精神才前来接受您的挑选的。"

所有事业有成的人，差不多都乐于回忆当年奋斗的经历，这位经理也不例外。小吴的话引起了经理的共鸣，经理乘兴谈论起他自己的成功经历。小吴始终在一旁洗耳恭听，以点头来表示钦佩。最后，经理向小吴简单地问了一些情况，便拍了板："你就是我们所需要的人。"

要想把话说到点子上，就必须抓住对方的心理。如果不知对方所想所需，是无法说到点子上的。就像一个神枪手，如果蒙上他的眼睛让他去打一个目标，那么，他只能凭感觉去打，这是难以打中目标的。所以，与人说话时，必须要洞察对方的心理，抓住对方的心理，这样才能说到点子上。

把话说到对方的心窝里

日本有一个这样的故事。

真田广之替已过世的父亲守灵。

他的老家离东京很远，即使坐电车也要花 3 个钟头，而且那时的电车还不像现在这样每一小时发一班车，所以可以说交通很不方便。当时他心里想：外地的亲戚朋友是不可能前来祭奠了。但出乎意料的是，在整个晚上都没有任何一个亲属到来的情况下，一个女子突然出现在他的面前。

"田中小姐，你怎么来了……"

当时真田简直感动得难以言表，因为她不过是他的一名同事而已，真难以想象她会在下班之后，搭乘电车赶到他的老家来。况且当时天色已经很晚，她又不太认得路，肯定是挨家挨户询问才找到他家的。

"你经常来这里？"

"不，今天是第一次，我只是想来祭奠一下……"

"太谢谢你了，太谢谢你了！"

真田感动得不知道该说什么才好，心想，她是个多么好的同事啊！这位同事的确拥有很好的人际关系，在公司里，不论男女都是这么认为的。她得到了大家的信任，只要是她说的话，大家都认为不会错，而且也愿意按照她说的去做。这同时也表示，她是个说服力极强的人。

经过那晚的谈话，真田明白了她之所以说服力极强的秘密。平时别人遇到什么麻烦，田中小姐总是会伸出援助之手，这令所有人都为之感动。先得了人心，别人自然会心甘情愿听她的话。

可能平时我们没有太多时间和精力去助人为乐，但该事例告诉了我们一个关键信息，就是说服他人的核心点在于征服他人的心，使对方在情感上有所触动。

文学家李密，曾在蜀汉时担任过尚书郎的官职，蜀汉灭亡后，居家不出。晋武帝知道他有才干，便下诏命他进朝为太子洗马，但李密拒绝了。为此，晋武帝大怒。在这种情况下，李密写了一封信给晋武帝。

"……圣明的晋朝是以孝来治理天下的，凡是年老之人，都得到了朝廷的怜恤和照顾，何况我祖孙孤零困苦的情况特别严重。"

"我年轻的时候在蜀汉做官，任职郎中，本来就希望仕途显达，并不在乎名声节操。现在我是败亡之国的低贱俘虏，身份卑微的人，受到过分的提拔，恩宠优厚，哪里还敢迟疑徘徊，有更高的要求呢？

"只是因为我祖母刘氏如西山落日，已经是气息微弱，命在旦夕。我如没有祖母的抚育，就难以有今日。祖母如失去了我的奉养，也就无法安度余日。我们祖孙二人相依为命，因此我实在不能抛开祖母离家远行。

"微臣李密今年四十四岁，祖母刘氏今年九十六岁。我为陛

深度影响——如何自然地赢得人心

下尽忠效力的日子还长，而报答祖母养育之恩的日子短呀！故此我以这种乌鸦反哺的私衷，乞求陛下准允我为祖母养老送终。

"恳请陛下怜恤我的一片愚诚，慨允我微小的志愿，使祖母刘氏可以侥幸保其晚年，我活着将以生命奉献陛下，死后也要结草图报。臣内心怀着难以承受的惶恐，特地作此表，奏闻圣上。"

这就是流传百世的《陈情表》。将心比心，以情说理，李密在柔言细语中陈述自己的处境。晋武帝颇为感动，心头的怒火也自然平息了，他还赐给李密奴婢二人，并令郡县供养其祖母。

杰克·凯维是加利福尼亚州一家电气公司的一位科长，他一向知人善任，并且每当推行一个计划时，总是不遗余力地率先做榜样，将最困难的工作承揽在自己的身上，等到一切都上了轨道之后，他才将工作交给下属，而自己退身幕后。虽然他这种处理事情的方法是很好的，但他太喜欢为他人做表率，所以常常让人觉得他似乎太骄傲了。

最近，一向神采奕奕的凯维却显得无精打采。原来因为经济极不景气，资金周转不灵，再加上预算又被削减，科里的运转差点停顿。这种情形若继续下去，后果一定不可收拾。于是他实施了一套新方案，并且鼓励下属："好好干吧！成功之后一定不会亏待你们的。"但没想到眼看就要达到目标，结果还是功亏一篑，也难怪他会意志消沉了。平日对凯维就极为照顾的经理看了这些情形后，便对他说："你最近看起来总是无精打采的，失败的挫折感我当然能够理解，但是我觉得你之所以会失败，乃是因为你只是一味地注意该如何实现目标，却忽略了人际关系，如果你能多方考虑，并多为他人着想，这种问题一定能够迎刃而解。"经理停顿了一下，又接着说："大丈夫要能屈能伸，这样才是一个好的管理人员。我觉得你就是进取心太急切了，又总喜欢为下属做表率，而完全不考虑他们的立场，认为他们一定能如你所愿地完成工作，结果倒给了下属极大的心理压力。大概也就是因为这个缘故，所以大家都说你虽能干，但你的下属却很为难。每个人当然都知道工作的重要性，所以你大可不必再给他们施加压力。你好好休息几天，让精神恢复过来，至于工作方面，我会帮助你的。"

杰克·凯维的经历让我们知道，必须站在别人的立场，将心比心才能真正达到说服对方的目的，否则，再多的自信和能力也无法让别人服从你。会打棒球的人都知道，当要接球时，应顺着球势慢慢后退，这样的话球劲便会减弱。与此相似，我们在说服他人的时候，如果能将接棒球的那一套运用过来，相信说服会变得更容易。

唐代大诗人白居易说："动人心者莫先于情。"意思是说，要说服人、打动人，必须动之以情，言语必须是诚心诚意的，富有人情味和同情心，让人听后觉得你是真心为他好，是设身处地地为他着想，而不是在应付他。相反，冰冷的态度、程式化的言辞，都会引起对方的逆反心理，增加说服的难度。

林肯在当律师时曾碰到这样一件事：

有一位老妇人是美国独立战争时一位烈士的遗孀，靠每月的抚恤金艰难度日。前不久出纳员非要她交纳一笔手续费才准领钱，而这笔手续费相当于抚恤金的一半，这分明是勒索。

林肯知道后怒不可遏，他安慰了老妇人，并答应帮助她打这个没有凭据的官司，因为出纳员是口头勒索。

开庭后，因原告证据不足，被告矢口否认，情况显然不妙。林肯发言时，上百双眼睛都盯着他。

林肯首先把听众引入对美国独立战争的回忆，他两眼闪着泪花，述说爱国战士是怎样揭竿而起，又是怎样忍饥挨饿地在冰天雪地里战斗。渐渐地，他的情绪激动了，言辞犹如挟枪带剑，锋芒直指那个企图勒索的出纳员。最后他以严正的设问，做出了令人怦然心动的结论：

"1776年的英雄早已长眠地下，可是他那衰老而可怜的遗孀还在我们面前，要求代她申诉。这位老人也曾是位美丽的少女，曾经有过幸福愉快的生活。不过，她已牺牲了一切，变得贫穷无依，不得不向自由的我们请求援助和保护，而这自由是用革命先烈的鲜血换来的。试问，我们能熟视无睹吗？"发言至此，戛然而止。听众早已激动了：有的捶胸顿足，扑过去要撕扯被告；有的泪水涟涟，当场解囊捐款。在听众的一致要求下，法庭通过了保护烈士遗孀不受勒索的判决。

这就是感情的力量。唯有真挚的感情才能打动人、说服人，才能唤起民众、唤醒民心。

婆婆是家里的一把手，财政大权控于掌中，媳妇感到很不愉快。一天晚饭后，她诚恳地对婆婆说："您老人家操管全家的生活真是辛苦。有些事，我们可以办的，您尽管吩咐。现在大家收入增加了，不愁吃穿，生活可以安排得更丰富些。家里的经济收支，您安排得很好，以后您可以让我们试试，如果您觉得不对的地方，也好帮我们改正。"

婆婆非常乐意地接受了媳妇的要求。家庭气氛一如既往，其乐融融。

说服需要先让人心动，然后才能把人说动，一切从"心"出发吧！

刚柔相济，劝诚更有效

张嘉言驻守广州时，沿海一带设有总兵、参将、游击等官职。总兵、参将部下各有数千名士兵，每天的军粮都要平均分为两份。

参将的士兵每年汛期都要出海巡逻，而总兵所管辖的士兵都借口驻守海防，从来不远行。等到每过三五年要修船不出海时，参将部下的士兵只发给一半的军粮，如果没有修船而不出海，就要每天减去三分之一的军粮，以贮存起来待修船时再用。只有总兵部下的军粮一点也不减，当修船时另外再从民间筹集经费。这种做法沿袭已久，彼此都视为理所当然。

不料，有一天，巡按将此事报告了提督，请求以后将总兵部下的军粮减少一些，留待以后准备修船时再用。恰巧，这位提督和总兵之间有矛盾，于是当即就同意削减军粮。

总兵下辖的士兵听到消息后，立即哄然哗变。他们知道张嘉言在朝廷中很有威信，就径直围逼到张嘉言的大堂之下。

张嘉言神色安然自若，命令手下人传五六个知情者到场，说明事情真相。士兵们蜂拥而上，张嘉言当即将他们喝下堂去，说："人多嘴杂，一片吵闹声，我怎么能听清你们说些什么。"

士兵们这才退下。当时正下大雨，士兵们的衣服都淋湿了，张嘉言也不顾惜，只是叫这几个人将情况详细说明。这几个人你一言我一语，都说过去从来没有扣减总兵官兵军粮的先例。

张嘉言说："这件事我也听说了。你们全都不出海巡逻，这也难怪上司削减你们的军粮了。你们要想不减也可以，不过那对你们并没有什么好处。上司从今以后会让你们和参将的士兵一样每年轮换出海巡逻，你们难道能不去吗？如果去了，那么你们也会同他们一样，军粮会被减掉一半。你们费尽心机争取到的东西还是拿不到的，这些肯定要发给那些来替换你们的士兵。如果是这样，你们为什么不听从上司，将军粮稍微减少一点呢？而你们照样还可以做你们总兵的士兵。你们再认真考虑一下吧！"

这几个人低着头，一时无法对答，只是一个劲地说："求老爷转告上司，多多宽大体恤。"

张嘉言问："你们叫什么名字？"

他们都面面相觑不敢回答。

张嘉言顿时骂道："你们不说姓名，如果上司问我'谁禀告你的'，让我怎么回答？"

这几个人只好报了自己的姓名，张嘉言一一记下，然后对他们说："你们回去转告各位士兵，这件事我自有处置，劝他们不要闹了。否则，你们几个人的姓名都在我这儿，上司一定会将你们全部斩首。"

这几个人顿时吓得面容失色，连连点头称是，退了出去。

后来，总兵部下的士兵每日被扣军粮，士兵们竟然再也没有闹事的。张嘉言的这招恩威并施堪称经典。

在说服他人的过程中，采用刚柔相济的劝诫之术，一方面能使别人体面地"退"，另一方面又坚持自己的原则，使自己的主张得到采纳，这种方法为许多事情的处理留有余地。

太史公司马迁在《史记·滑稽列传》中记载：战国时期，齐威王荒淫无度，不理国政，好为长夜之饮。上行下效，僚属们也全不干正事了，眼看国家就要灭亡。最后"长不满七尺"的淳于髡只好出面了。但是淳于髡并没有气势汹汹、单刀直入地向齐威王提出规谏，而是先和齐威王搭讪聊天。

他对齐威王说："咱们齐国有一只大鸟，落在大王的屋顶上已经三年了，可是它既不飞，又不叫，大王您知道是什么原因吗？"

齐威王虽然荒淫好酒，但是他本人却和夏桀、商纣一样的坏到骨子里去的人物有着巨大的不同，所以当听到淳于髡的隐语之后，他就被刺痛并醒悟了，于是很快回答说："我知道。这只大鸟它不鸣则已，一鸣就要惊人；不飞则已，一飞就要冲天。你就等着看吧！"

说毕立即停歌罢舞，戒酒上朝，切实理清政务，严肃吏治，接见县令共七十二人，赏有功者一人，杀有罪者一人。随后领兵出征，打退要来侵犯齐国的各路诸侯，夺回被别国侵占去的所有国土，齐国很快又强盛起来。

淳于髡并没有以尖锐的语言来进行劝谏，而是避开话锋，从故事聊起，有意似无意中又带有一丝强硬与责备，这样对方很容易主动接受建议。

软硬兼施的方法还可以用两种人合作逼人就范的形式来实施。

一位深受青年喜爱的作家的很多作品都被拍成电影，好多人都曾在影院看过经他的原著改编的影片，观众不时为故事的新颖奇妙鼓掌喝彩，就像20世纪30年代的美国人对卓别林的表演忍俊不禁一样。影片是侦探片，而最吸引人的是影片中审讯犯罪嫌疑人的绝妙技巧：警员声色俱厉地威胁、恐吓犯罪嫌疑人，把他逼到山穷水尽的境地；这时陪审的警员出场，他态度十分温和地对犯罪嫌疑人表示信任和理解。

首先由攻击型的警员来审问犯罪嫌疑人，以凌厉的攻势摧毁他的意志，向他说明他的罪证确凿、他的同伙都招供了等等，把他逼到进退两难的境地。接受了这样的审讯后，有的人会屈服，而顽固的则会死不认罪。

这种情况下，则由另一位温和型的警员审问他。警员完全站到犯罪嫌疑人的立场上，真心地安慰他、鼓励他，"你的家人都希望你得到宽大处理，希望你为他们考虑"等。对这种软招，犯罪嫌疑人往往会自惭形秽，坦白自己的一切犯罪行为。

无论是在影片中还是现实生活中，使用这种技巧，犯罪嫌疑人十有八九会坦白认罪的。

这种手法是一种奇异的心理法则，又称"缓解交代法"。由温和型和攻击型的人合作，攻击型的一方首先把对手逼到心理的死胡同里去，令他一筹莫展；这时另一方出来指点给他一条路。这种情况下，对手会自然地奔向那条可以脱身的路了。

将计就计对着说

"请不要阅读第七章第七节的内容"，这是一个作家在他著作的扉页上放的一句饶有趣味的话。后来这个作家做了一个调查，不由得笑了，因为他发现绝大部分的读者都是从第七章第七节开始读他的著作的，而这就是他写那句话的真正目的。

当别人告诉你"不准看"时，你却偏偏要看，这就是一种

"逆反心理"。这种欲望被禁止的程度越强烈，它所产生的抗拒心理也就越强。所以如果能善用这种心理倾向，就可以将顽固的反对者软化，使其固执的态度有 180 度的大转变。

某建筑公司的李工程师，有一次巧妙征服了一个刚愎自用的工头。这个工头常常坚持反对一切改进的计划。李工想换装一个新式的指数表，但他想到那个工头必定要反对的，所以他想了个办法。李工去找工头，腋下挟着一个新式的指数表，手里拿着一些要征求工头意见的文件。当讨论这些文件的时候，李工把指数表在腋下移动了好几次。工头终于先开口了："你拿的什么东西？"李工漠然地说："哦！这个吗？这不过是一个指数表。"工头说："让我看一看。"李工说："哦！你不能看！"并假装要走的样子，还说："这是给别的部门用的，你们部门用不到这东西。"工头又说："我很想看一看。"当他审视的时候，李工就随意但又非常详尽地把这东西的效用讲给他听。他终于喊起来说："我们部门用不到这东西吗？它正是我想要的东西呢！"李工故意这样做，果然很巧妙地把工头说动了。

逆反心理并不是执拗的人才有，有些人总喜欢跟别人对着干，因为他们不愿乖乖服从于任何人。

某报曾登载过一篇以父子关系为主题的文章《我家的教育法》，是说某社会名人的孩子在学校挨了顿骂后便非常怨恨老师，甚至想"给他一点颜色瞧瞧"，父亲听了也附和道："既然如此，不妨就给他点颜色看。"但接着又说，"纵使你达到报复的目的，但你却因此而触犯了法律，还是得三思才是。"听父亲这样一说，儿子便取消了报复的念头。

另外还有一个例子。某太太认为她丈夫极不像话，于是便和朋友说她要离婚。她满以为朋友会劝她打消离婚的念头，不料那位朋友却说："如此不像话的丈夫还是趁早和他离婚，免得将来受苦。"

这位太太听朋友这么一说，反倒认为："其实，我丈夫也并非坏到这般地步。"而收回了离婚的念头。

如果有一个人站在高楼顶上欲跳楼自杀，而旁人在拼命说些"不要跳"或"不要做傻事"之类的话，这反倒会强化他跳楼的意念；相反，若说"如果你真想跳的话，那就跳吧"，他很可能会感到很泄气，想不到旁人竟不予阻止反而鼓励他跳下，这完全背离了他原先的期待。这种对于劝阻的期待，一旦为他人所背离反而会动摇他原有的意念。

据说明朝时，四川的杨升庵才学出众，中过状元。因嘲讽皇帝，所以皇帝要把他充军到很远的地方去。朝中的那些奸臣更是趁机要公报私仇，于是向皇帝说，把杨升庵充军海外或是玉门关外。

杨升庵想充军还是离家乡近一些好，于是就对皇帝说："皇上要把我充军，我也没话说。不过我有一个要求。"

"什么要求？"

"任去国外三千里，不去云南碧鸡关。"

"为什么？"

"皇上不知，碧鸡关呀，蚊子有四两，跳蚤有半斤！切莫把我充军到碧鸡关呀！"

"唔……"

皇帝不再说话，心想："哼！你怕到碧鸡关，我偏要叫你去碧鸡关！"杨升庵刚出皇宫，皇上马上下旨：杨升庵充军云南！

杨升庵利用"偏要对着干"的心理，粉碎了奸臣的打算，达到了自己要去云南的目的。

尤其是那些大人物，你对他们提出要求，他们总是会想：我为什么要听任你的摆布，我可是一个响当当的人物！因此，在说服这类人的时候，从反方向着手更容易成功。

小孩子天真、单纯，你说东，他偏往西，这是他们的天性。

某一知名的教育家，他对不喜欢练小提琴的孩子很有办法。在教孩子们练琴时，经常碰到的难题就是儿童没有积极性，然而他却能使这些孩子个个乐意接受他的指导。用逼迫的方式吗？不！这种办法只能收到一时之效，并不能持久。其实，他所使用的"特效药"就是这么一句话："我想这件事你必定做不好，你还是放弃吧。因为你的技能比人家差，所以你才不想练习。"

你让他放弃，他偏要证明给你看。

只要是从事教育工作的，便经常会体会到这一类情形。尤其小学生更是如此，他们常以投机取巧的方式来达到偷懒的目的。对于这样的孩子，你若说"难道你是不喜欢它吗"，恐怕是毫无效用的；

而要对他们说"这样的事情对你来说是勉强了点，可能你没办法做得好"，很可能大多数孩子都会自发地行动起来。

换个角度说话让人心悦诚服

西方有个习俗：男子戴帽，入室必摘下；而女士戴大檐帽，在室内可以不摘。

某电影院常有戴帽的女观众，坐在她们后排的人十分反感，便向经理建议，请其设禁令。

经理不以为然，说："公开设禁令不妥，只有提倡戴帽才行。"提建议者听罢大失所望。

第二天，影片放映前，银幕上果然打出一则通告："本院为了照顾衰老高龄的女客，允许她们照常戴帽，不必摘下。"

通告既出，所有戴帽者全都将帽子摘下来了，无一例外。因为西方人忌讳别人说自己老，尤其是女性。

可见，说服他人做什么事可以根本不用面对面提出你的意愿，也不用说得明白无误，采用一种旁敲侧击的方法有时候更奏效。

公元前 636 年，在外流亡十九年的晋公子重耳，在秦穆公的支持下，就要回国做国君了。

渡河之际，壶叔把他们流亡时的旧席破帷仍然当宝贝似的搬上船，一件也不舍得丢掉。重耳一看，哈哈大笑，说自己就要回国当国君了，还要这些破烂干什么？他命令全部抛弃这些东西。狐偃对重耳这种未得富贵先忘贫贱的言行非常反感，担心以后重耳会像抛弃破烂一样，把他们这些陪伴他长期流亡的旧臣也统统抛弃。

于是，他当即向重耳表示，他愿意继续留在秦国，因为在外奔波了十九年，自己现在心力交瘁，身体已经像刚才重耳丢弃的旧席破帷一样无法再用，回去也没有什么价值了。

重耳一听便明白了狐偃的意思，马上作了自我批评，并让壶叔把东西一一捡回，表示回国后，一定不会忘掉狐偃的功劳和苦劳，要狐偃和他同心同德，治理晋国。

在对别人进行劝服时，由于一些原因不好直说，往往不能直截了当地点出对方的意见或观点是错误的，这时若能旁敲侧击，由此及彼进行启发，会更容易被对方所接受。

那是在第二次世界大战末期，美军付出很大代价攻占了太平洋上一座原本由日军占领的岛屿。最后的十几名日本兵退到一个山洞里。无论洞外的美军怎么喊话，他们拒不缴枪，并拼命朝外射击。美军此时真是无可奈何。忽然有位美国兵灵机一动，半开玩笑式地向洞里的日本兵做出一个许诺：如果投降，就让他们去好莱坞一游，看一看影星们的风采。没想到这句话产生了意想不到的效果。枪声停止了。那些刚才还开枪顽抗的日本兵一个个爬出了洞穴，缴枪投降了。最后，美军司令部为了维护信誉，竟真的安排这些俘虏飞抵好莱坞，大饱了一次眼福。

侧面说服并非是歪打正着。二十几岁的日本兵虽被灌输了不少武士道精神，但正当年少，哪个不做少年郎的梦？好莱坞是个梦幻的世界，它吸引着世界各地的年轻人，它对于这些无视生命的日本兵来说也有着超凡的魅力。美国人正是利用这一点，达到了说服的效果。

　　约翰的公司正值生意兴隆之际，忽然因一个意外的事件濒临破产。约翰回到家中，痛哭流涕，想到这20年的艰难创业即将毁于一旦，他陷入了极端绝望的境地。他不吃饭不睡觉，心里满是自杀的念头。妻子琼开始也和约翰一样悲痛欲绝，但她看到约翰的样子，明白该是自己拿出勇气的时候了。她一遍遍地劝慰约翰，说些"忘记这一切，从头干起"之类鼓励的话。但约翰好像没有听到，依然沉湎于自己的绝望心境中。琼看到正面的劝慰不能奏效，灵机一动，计上心来。她坐在约翰的身旁，大哭了起来，一边哭一边诉说起今后生活的可怕："你的公司破产了，我们这个家可怎么办，两个孩子的学费怎么筹，我怎么和孩子们去解释？他们将不能和同学一起去度假……"琼哭得那么伤心，在妻子的哭声中，约翰从迷茫的状态慢慢清醒了过来。他想起了自己对妻儿的责任，想起这个打击也同样降临到了家人身上，他立刻收起了悲伤，对琼说："不要难过，我们重新开始。"琼笑了，对约翰说："看来得要扮演被安慰者才行。"

　　关键时刻，琼转变了角色，变换了角度，使约翰重新恢复了勇气。

对有抵触情绪的人进行正面说服，虽然能够表达说服者的诚心，却不能消除对方的抵触情绪，而如果在形式上加以改变，就能达到正面说服所达不到的效果。

我国的古人很喜欢采用一种叫"隐语"的方法来表达自己的意见。这种方法更为含蓄，给人一种优美、曲折的感觉。通常是借别的词语或手势动作做出暗示，让对方猜测。巧妙使用隐语不仅可以把话讲得生动、脱俗，而且容易引起对方的注意和兴趣。

周武王灭殷，入殷都朝歌。听说殷有位德高望重的长者，于是武王前去面见，询问殷朝所以灭亡的原因。

殷长者对武王说："您要知道这个答案，请以某日的中午时分为期，到时再谈。"约定的日期到了，可是殷长者没有来。武王感觉很奇怪。周公说："我已经知道了。此人是个君子，礼义要求不能非议自己的君王，所以他不能明言直说。至于他期而不到，言而无信，实际上暗示了殷朝所以灭亡的原因。他是在用隐语来回答我们的问题啊。"

齐景公伐鲁，接近许城时，找到一个叫东门无泽的人。齐景公问他："鲁国的年成如何？"东门无泽回答说："背阴的地方冰凝到底，朝阳的地方冰厚五寸。"齐景公不明白，把这事告诉了晏子。晏子回答说："这是一位有知识的人，您问年成，而他回答冰，这是合于礼的。背阴地方的冰凝到底，朝阳地方冰结五寸，这表明节气正常，节气正常意味着年成好，年成好自然政治平和，政治平和上下就团结。您攻打一个粮食充足、上下团结的国家，会把齐国百姓弄得很疲惫，会死伤不少战士，结局恐怕不会如您的愿。请对鲁国以礼相待，平息他们对我国的怨恨，遣返他们的俘虏，来表明我们的好意吧。"齐景公说："好！"于是决定不再伐鲁。

隐语需要对方有一定的领悟能力，否则也达不到预期的效果。因此，我们在对对方进行旁敲侧击的同时，必须考虑到对方的心理和立场。

间接地指出对方的错误

当你发现对方犯了一个很明显的错误时，为了使对方能够尽快地改正，于是你好心地对他说："看，你刚才说的有这样一个错误……"你满以为他会感激你，但是结果却让你很意外，甚至让你感到不可理喻——他坚决不承认自己犯了错误，更不用说感激你了。

你没有必要因此而责备对方。这种事情太常见了，几乎每个人都会有这样的毛病。当别人指出自己的错误，尤其是直截了当地指出的时候，一般人似乎都受不了。他会因此而产生一种让人觉得不可思议的强大的力量，正是这种力量使得他拒绝接受你的批评或指正，即使他明明知道你是为他着想的。

心理学家指出，这种强大的力量有很大一部分是自我认同感在起作用。当自己所相信的东西被怀疑或否定之后，每个人都会产生一种焦虑，感到自己的尊严被伤害了，甚至感到自己的安全已经没有了保障。结果是，他会本能地拒绝承认自己的错误，即使他可能认为你说的是对的。因此，当你想要说服一个人，让他明白自己的错误的时候，千万不要直接指出他的错误。

一天，查尔斯·史考伯经过自己的钢铁厂的时候，撞见几个工人正围在一起抽烟。他们显然忘记了公司禁止吸烟的明文规定，或者像很多犯错误的人一样存在侥幸心理。史考伯应该把他们揪出来，然后狠狠地批评他们吗？或者把那块"禁止吸烟"的牌子指给他们看？这都只会让对方感到难堪，并且对史考伯产生怨恨。只见他不动声色地走上前去，发给工人们每个人一支雪茄，并对他们说："我们到外面抽去。"这些工人当然不会跟着史考伯一起出去抽烟，而是对他说："啊，我们忘记公司禁止吸烟的规定了，请您原谅。"然后赶快回到他们的工作岗位上去了。当然，我们能够体会到他们心里的那种复杂的感觉：既为犯了错误而感到自责，又为没有受到惩罚或指责而感到庆幸，同时对史考伯也越发尊敬。他们以后一定不会犯同样的错误了。

直接指出对方的错误，实际上就是在批评对方。任何人都不喜欢被他人批评，即使他明白自己确实做错了。但是人们却往往做这样的蠢事。从上面这个例子的结果来看，间接地指出对方的错误，是十分正确的。采用温和的语气，间接地指出对方的错误，这样就不会引起对方的反感。

确实，我们只要在指出对方错误的同时，注意维护对方的自尊，就容易收到很好的效果。这是十分符合人的本性的——正因为我们没有办法改变人性的弱点，所以只有使自己所做的事情符合人性。

那些聪明的人总是会想方设法这么去做，因为他们知道这样做的效果比直接指出对方的错误要好得多。马吉·嘉可布太太请了几位技术非常好的工人加盖房子。头几天，他们总是把院子弄得乱七八糟，到处都有木屑。一天，等工人们结束了一天的工作后，聪明的嘉可布太太叫来她的孩子们，和他们一起把木屑处理干净，堆到院子的角落里。第二天，工人们来的时候，她非常高兴地对工人们说："你们昨天把院子打扫干净了，我非常高兴。老实说，这简直比我们以前的院子还要干净。"

听到这些话后，那些工人十分高兴，以后都把木屑堆在了院子的角落。试想一下，如果嘉可布太太摆出一副雇主的姿态，那些工人会怎么样呢？他们会毫不犹豫地换另外一份活儿的，因为像他们这么优秀的建筑工人毕竟很少。

一些大公司或者机构的上层人物一般人通常很难见到，其中的部分原因固然是他们很忙，但是那些下属的"过滤"也是一个重要的原因：他们不愿意他们的上司被打扰，因此帮上司挡掉了许多看起来不那么重要的客人。这对那些上层人物来说并不一定就是好事。卡尔·佛朗在当佛罗里达州奥兰多市的市长的时候，就曾经遇到过这样的麻烦。他奉行的是"门户开放"政策。当时他规定，市民如果有事的话就可以直接来见他。但是，那些造访的市民却常常被工作人员挡在门外。

后来，为了圆满地解决这个问题，聪明的市长想出了一个高招儿：他叫人把他办公室的门给拆了。这样，他相当于在明白无误地告诉工作人员不要再阻挡那些造访者了。另一方面，他用行动暗示了工作人员的错误，但并没有直接指出来，这就给他们保留了自尊。

所以，为了劝服别人同时又不伤害别人，你需要间接地指出他的错误。

第八章
DI BA ZHANG

学会高效沟通，才有深度影响

话不在多，点到就行

当今社会，人们的工作和生活节奏都很快，很少有人愿意听长篇大论，想说服人又不使人反感，就需要用简洁、精辟的语言来抓住核心问题，一语中的。那些穿鞋戴帽、拖泥带水的空话、套话是非常令人讨厌的。

俗话说："花钱花到刀刃上，敲鼓敲到点子上。"无论对方是谁，只要你能把话说到点子上，对方就会清晰明了。有些人生怕对方听不懂，翻来覆去地讲一个道理，结果适得其反。因此，我们在试图说服他人时，应该针对实际情况，把握要讲的内容，简洁、准确、明晰地"点到"，同时又要注意留下充分的时间，让对方去领悟、消化。

诸葛瑾，字子瑜，是三国时期孙权手下的大臣，平时话不多，但常常在紧要关头，几句话就能解决问题。有一次校尉殷模被孙权误解，要被杀头，众人都向孙权求情，孙权越听越生气。孙权环顾众人，发现只有诸葛瑾站在那里一言不发，孙权知道诸葛瑾和殷模关系很好，忍不住问："为什么子瑜不说话？"

诸葛瑾说："我与殷模的家乡遭遇战乱，我们弃坟墓，携老弱，流离辗转，承蒙陛下收留。不能互相砥砺以报君恩，致令殷模犯下大错，我谢罪还来不及，哪敢说话呢？殷模辜负了您，还求什么宽恕呢？"短短几句话，孙权就感到殷模不远千里来投奔自己，即使有过错也应该原谅，于是就赦免了殷模。

一个真正能说服别人的人，往往思维灵活，善于借物寓意，懂得从与别人不同的角度切入话题，准确地表达自己的意思，使得听者在心神领会后，从心底里认同。所以，说服别人的关键不在于你能不能说，而在于你会不会说，能不能用简短的话语打动别人。

有的人喜欢长篇大论、东拉西扯，想用多角度的观点打动听者的心，虽然证明了个人的语言天赋，但是却让听者云里雾里，甚至产生烦燥的情绪，自然难以达到说服的效果。正所谓打鼓要打到点子上，说话精炼，使听者在较短的时间里获得较多的信息，使对方为之震动，你的目的就达到了。

在社交场上，要说服别人，话不在多而在精，更在于力度和渗透力。如果你想给别人留下很深的印象，就要懂得话说三分，点到为止。

避免争论，绕过矛盾

卡耐基说："我们绝不可能对任何人——无论其智力高低——用口头的争斗改变其思想。"

一个喜欢争强好胜的人尤其要考虑清楚，你是想要暂时的、表演式的、口头的胜利，还是他人对你的长期好感。很少有两者兼得的情况。而我们有些人总是喜欢与人舌战不休，与人拍桌打椅，争得面红耳赤，声嘶力竭，而最后的结果只有一个——徒劳无益。因为即使争赢了，但这种表面的胜利实无大益，而且会损伤对方的自尊，影响对方的情绪。若是争输了，当然自己也不会觉得光彩。所以，最好的策略就是避免与人争论。

卡耐基在人际关系上也有过失误，第二次世界大战刚结束的某一天晚上，他在伦敦参加一场宴会。宴会中，坐在他右边的一位先生讲了一段幽默故事，并引用了一句名言。那位健谈的先生说，他所引用的名言出自《圣经》。

"他错了，"卡耐基回忆说，"我很肯定地知道出处。为了表现优越感，我很多事，很讨厌地纠正他。"他立刻反唇相讥："什么？出自莎士比亚？不可能！绝对不可能！那句话出自《圣经》。"

我的老朋友法兰克·格孟坐在我左边。他研究莎士比亚的著作已有多年，于是我俩都同意向他请教。格孟听了，在桌下踢了我一下，然后说："戴尔，你错了，这位先生是对的。这句话出自《圣经》。"

那晚回家的路上，我对格孟说："法兰克，你明明知道那句话出自莎士比亚。""是的，当然，"他回答，"《哈姆雷特》第五幕第二场。可是亲爱的戴尔，我们是宴会上的客人。为什么要证明他错了？那样会使他喜欢你吗？为什么不给他面子？他并没问你的意见啊。他不需要你的意见。为什么要跟他抬杠？永远避免跟人家正面冲突。"

"永远避免跟人家正面冲突。"卡耐基记住了这个教训。

小时候，卡耐基特别爱争论，他和哥哥曾为天底下任何事物而争论。进入大学，他又选修逻辑学和辩论术，也经常参加辩论比赛。他曾一度想写一本这方面的书，他听过、看过、参加过、批评过的争论有数千次。这一切使他得到一个结论：天底下只有一种能在争论中获胜的方式，就是避免争论，要像躲避响尾蛇那样避免争论。

十之八九，争论的结果会使双方比以前更相信自己的正确性。你赢不了争论。要是输了，当然你就输了；如果赢了，还是输了。为什么？因为"一个人也许口服，但心里并不服"。

你不能辩论得胜。你不能，如果你辩论失败，那你当然失败了；如果你获胜了，你还是失败的。为什么？假定你胜过对方，将他的理由攻击得漏洞百出，并证明他是神经错乱，那又怎样？你觉得很好，但他怎样？你使他觉得脆弱无援，你伤了他的自尊，他要反对你的胜利。

波恩互助人寿保险公司为他们的推销员定了一个规则："不要辩论！"真正的推销术，不是辩论，也不要类似于辩论。人类的思想不是通过辩论就可以改变的。

可能有人会说，真理只有一个，如果牺牲自己的正确主张而去同意对方的主张，那不是牺牲真理而去服从谬误了吗？其实不然，我们当然要拥护真理，我们当然不可以牺牲真理去服从那些不合理的主张。然而，在某些场所，虽然表面上你是牺牲真理而去迁就对方，实际上真理并不会因此而动摇。

事实上，避免争论可以节省你的大量时间和精力，使你投入到完善你的观点和实践你的观点的工作中去。完全没有必要浪费太多的精力去干那种没有结果也毫无意义的事情。少去了面红耳赤的争论，只会使双方相互尊重，从而增进友谊，有利于思想的交流和意见的交换。

通常，我们可以从以下几方面来避免与人争论：

1. 欢迎不同的意见

一个人的脑力是有限的，考虑事情不可能面面俱到，而别人的意见是从另外一个人的角度提出的，总有些可取之处。所以，要欢迎别人不同的意见。面对自己和他人的意见，应该冷静地思考，或两者互补，或择其善者。如果采取了别人的意见，就应该衷心感谢对方，因为有可能此意见使你避开了一个重大的错误，甚至奠定了你一生成功的基础。

2. 不要相信直觉

每个人都不愿意听到与自己不同的声音。每当别人提出不同的意见时，人们的第一个反应是要自卫，为自己的意见进行辩护并竭力地去寻找根据。这完全没有必要，这时要平心静气地、公平谨慎地对待两种观点（包括你自己的），并时刻提防自己的直觉（自卫意识）对自己做出正确抉择的干扰。值得一提的是，有的人脾气不大好，听不得反对意见，一听见就会暴躁起来。这时就应控制自己的脾气，让别人陈述他的观点，不然，就未免气量太小了。

3. 耐心把话听完

当别人提出一个不同的观点，不能只听一点就开始发作。要让别人有说话的机会。这样一是尊重对方，二是让自己更多地了解对方的观点，好判断此观点是否可取。努力建立了解的桥梁，使双方都完全知道对方的意思；否则的话，只会增加彼此沟通的障碍，加深双方的误解。

4. 仔细考虑反对者的意见

在听完反对者的话后，首先想的应该是去找你同意的意见，看双方观点是否有相同之处。如果对方提出的意见是正确的，应考虑放弃自己的意见，而采取他的意见。一味地坚持己见，只会使自己处于尴尬境地。因为照此下去，你只会做错。而到那时，给你提意见的人会对你说："早已跟你说了，还那么固执，知道谁是对的了吧！"这时，自己怎么下台？所以为避免出现这种情况，最好是给双方一点时间，把问题考虑清楚，而不要诉诸争论。建议当天稍后或第二天再交换意见。这使双方都有时间，把所有事实都考虑进去，以找出最好的方案。

这时还应进行一下反思："反对者的意见，是完全对的，还是部分是对的？他的立场或理由是不是有道理？我的反应到底是有益于解决问题还是仅仅会减轻一些挫折感？我的反应会使我的反对者远离我还是亲近我？我的反应会不会提高别人对我的评价？我将会胜利还是失败？如果我胜利了，我将要付出什么样的代价？如果我不说话，不同的意见就会消失了吗？这个难题会不会是我的一次机会？"

5.真诚对待他人

如果反对者的意见是正确的，就应该积极地采纳，并主动指出自己意见的不足和错误的地方。这样做，有助于解除反对者的武装，减少他的防卫，同时也缓和了气氛。同时要明白，对方既然表达了不同的意见，表明他对这件事情与你一样的关心。因而不要把他当作防卫的对象，不能因为提出了不同的意见就把他当作"敌人"；反而应该感谢他的关心和帮助。这样，本来也许是反对你的人也会变成你的朋友。

所以，你要说服对方，就请遵循说服的第一个原则：唯一能从争辩中获得好处的办法是避免争辩。

用商量的口吻向对方提建议，柔中取胜

任何人都是有自尊、讲面子的，所以，在说服他人的过程中，多用与他人商量的口气提建议，这样不但能避免伤害他人的自尊，而且会使他们觉得你平易近人，进而乐于接受你的建议，与你友好地合作。

张先生在工商界是赫赫有名的，他就很懂得这个道理。据说他从不用命令式的口吻去说服别人，他要别人遵照他的意思去工作时，总是用商量的口气去说。譬如有人会说："我叫你这么做，你就这么做。"他从不这么说，而是用商量的口气说："你看这样做好不好呢？"假如他要秘书写一封信，他把大意和要点讲了之后，会再问一下秘书："你看这样写是不是妥当？"等秘书写好请他过目，他看后觉得还有要修改的地方，又会说："如果这样写，你看是不是更好一些？"他虽然处于发号施令的位置，可是却懂得别人是不爱听命令的，所以不用命令的口气。

　　张先生的这种做法，使得每个人都愿意和他相处，并乐于按他的意愿做事。所以，当我们要说服某个人时，最好也多用建议的口吻。

　　肖恩是一所职业学校的老师，他有一个学生因故迟到了，肖恩以非常严厉的口吻问道："你怎么能浪费大家的时间？不知道大家都在等你吗？"

　　当学生回答时，他又吼道："你回去吧，既然不想听我的课，以后也不用来了。"

　　这位学生是错了，不应该不先打个招呼，耽误了其他同学上课。但从那天起，不只这位学生对肖恩感到不满，全班的学生都与他过不去。

　　他原本完全可以用不同的方式处理这件事，假如他友善地问："你有什么事情要处理吗？问题解决了吗？"并说，"下次你可以事先通知一声，这样大家的课程就不会耽误了。"这位学生一定很乐意接受，而且其他的同学也不会那么生气了。

所以，要说服他人最好别用命令的口吻，不然，不但达不到你想要的说服效果，还可能使事情越弄越糟。多使用建议的口吻，运用这种方式，人们便会很愿意改正他们的错误，因为这样维护了人们的自尊，使他们认为自己很重要，并愿意配合你的工作，而不是反抗你。

引经据典增加说服的分量

经典是前人留给后人的思想文化遗产。经典的文化内蕴博大精深，涉及方方面面。

人们崇尚经典，那是因为经典的语言，常被后人视作明辨是非的指导；经典的人物，常被后人当作效仿的楷模；经典的故事，能给后人带来生活的启迪。人们崇尚经典之余，还喜欢运用经典。有了经典这种"武器"，无论是行为还是语言便都有了让人信服的依据。

许多人在和别人说理时，为使自己的"理"能服人，便以引经据典的方法来补充自己的观点，说明立场的正确性，增加对手辩驳的难度。辩论也不外乎如此。

所谓引经据典，就是在谈话中根据情况巧妙地引用经典中的语句或故事等，以达到叙事论理引人入胜、生动形象的说服效果。

任何一个说服者都希望自己的说辞能具有感染力和说服力。感染力和说服力来自发散型思维和妙语连珠的有机组合。引经据典也因此而具备了不同寻常的分量。这种分量，在言简意赅地明晰自己观点的同时，也能更坚定自己达到说服目的的信心。

一个温地人去东周都城，周人不准他进去，问他："你是外地人吧？"温地人回答道："我是这儿的主人。"可是问他所住的街巷，他却说不上来。东周官吏就把他囚禁起来了。

周天子派人问他："你是外地人，却自称是周人，这是什么道理？"他回答说："我小时候就读《诗经》，《诗经》里说：'普天之下，没有哪里不是天子的土地；四海之内，没有哪个不是天子的臣民。'现在周天子统治天下，我就是天子的臣民，怎么是周都的外来人呢？所以我说是这儿的主人。"周天子听了，就命令官吏释放了他。

经典是传统文化的精粹，蕴藏着丰富的思想内涵，有着以一当十的威力，说辩者引经据典如能恰到好处，自然能增加说服言辞的分量，赢得说理的优势。

历史就是一面镜子，用历史的经验和教训作为论据，极富说服力。常言道，"事实胜于雄辩"，而那些经典历史事件是经过时间考验与广泛评说的前人的实践，是具有压倒性说服力的。

汉文帝时，魏尚做云中太守。当时，匈奴人时常侵扰边塞，使北方诸郡不得安宁。魏尚任云中太守以后，开始整顿军队，积极抵抗，一时声威大震。匈奴人闻知魏尚智勇兼备，轻易不敢进犯云中。一次，匈奴的一支军队进入云中境内，魏尚便率军迎击，打退了匈奴的入侵。由于疏忽，魏尚在向朝廷报功时，多报了六个首级。汉文帝便认为魏尚冒功，撤销了他的职务，并让官吏依法治罪。大臣们都感到魏尚获罪有些冤枉，但是却无法解救他。

一天，汉文帝看见了做中郎署长的冯唐，问他："你是什么地方人？"冯唐回答说："我是赵人。"文帝一听，便来了兴致，说："以前我听说赵国的将领李齐十分了得，巨鹿大战时，威震敌胆。现在，每当我吃饭的时候都想起他。"冯唐回答说："李齐远不如廉颇、李牧。"赵国是战国时的诸侯国，有很多良将，廉颇、李牧是当时十分著名的将军。汉文帝听后，叹道："可惜，我没有得到廉颇、李牧那样的将才，如果有他们那样的人为将，我就不担心匈奴人了。"冯唐见时机已到，忙说："陛下即使得到像廉颇、李牧那样的将才，也不一定会用。"汉文帝十分惊诧地问道："你怎么知道呢？"冯唐回答说："古时候的帝王派遣将领出征，总是说'大门以内我负责，大门以外由将军治理'。军队里依功行赏，本来是将军们的事，由他们决定以后再转告朝廷。过去，李牧在赵国做将军，所在地的租税都自己享用了，赵王不责怪他，所以李牧的才智得到了充分发挥，赵国也几乎成为霸主。而当今，魏尚做云中太守，其所在地的租税收入，全部用来供养士卒，因此匈奴惧怕他，不敢接近云中的边塞。而陛下仅仅因为六个首级的误差，便将他下狱治罪，削掉了他的官爵，所以我才敢说，陛下即使有廉颇、李牧那样的将才，也不一定能够很好地任用他们。"

汉文帝听了冯唐这些话之后，感触良深。当天，就派冯唐拿着符节到云中赦免魏尚，恢复了他云中太守的职位。

在日常生活中或处理事务时，引经据典最好能切中现实情况，这样会更有说服力。

据《贞观政要》载：唐太宗有一匹骏马，他特别喜爱，长期在宫中饲养。有一天，这匹马无病而暴死，唐太宗大怒，要把马夫杀掉。

这时，长孙皇后劝谏道："从前，齐景公因为马死的原因要杀马夫，晏子控诉马夫的罪行说：'你把马养死了，这是第一条罪状；你使得国王因为马的原因杀人，老百姓知道了，必定怨恨国君，这是你的第二条罪状；邻国诸侯知道这件事，必定会轻视我们的国家，这是你的第三条罪状。'结果齐景公赦免了马夫。陛下读书曾读过此事，难道您忘记了吗？"

唐太宗听后，怒气全消，遂赦免了马夫。

现实是，唐太宗的马死了，唐太宗要处死马夫；历史上齐景公的马死了，齐景公也要处死马夫，这是何等相似的事。长孙皇后巧妙地引用晏子谏齐景公这一故事，使唐太宗从愤怒中清醒过来，改变了自己错误的决定。

由此可见，在与人说理时引经据典是纠正对手观点、巩固自己观点的一种绝妙的手法。通过引经据典，让古人替今人说话，让经验为探求者开道。这种手法的妙用，不但能使对手心悦诚服，同时，也让自己更有信心、更有把握地沿着自己所持的正确想法去拓展。

发出"最后通牒"，让他不得不屈服

在谈判中，有些谈判者拉开架势准备进行艰难的拉锯战，而且他们也完全抛开了谈判的截止期。此时，你的最佳防守兼进攻策略就是出其不意，发出最后通牒并提出时间限制。这一策略的主要内容是：

在谈判桌上给对方一个突然袭击，改变态度，使对手在毫无准备且无法预料的形势下不知所措。

对方本来认为时间挺宽裕，但突然听到一个要终止谈判的最后期限，而这个谈判成功与否又与自己关系重大，不可能不感到手足无措。由于他们很可能在资料、精力、思想、时间上都没有充分准备，在经济利益和时间限制的双重驱动下，会不得不屈服，在协议上签字。

美国汽车大王艾柯卡在接管濒临倒闭的克莱斯勒公司后，觉得第一步必须先降低成本。他首先降低了高级职员的工资，自己也从年薪36万美元减为10万美元。随后他对工会领导人讲："17元每小时的活儿有的是，20元每小时的活儿一件也没有。"

这种强制威吓且毫无策略的话当然不会奏效，工会当即拒绝了他的要求。双方僵持了一段时间，始终没有进展。后来艾柯卡心生一计，一日他突然对工会代表们说："你们这种间断性罢工，使公司无法正常运转。我已跟劳工输出中心通过电话，如果明天上午8点你们还未开工的话，将会有一批人顶替你们。"

工会谈判代表们一下傻眼了，他们本想通过再次谈判，从而在工薪问题上取得新的进展，因此他们也只在这方面做了资料和思想上的准备。没曾料到，艾柯卡竟会来这么一招！被解聘，意味着他们将失业，这可不是闹着玩的。工会经过短暂的讨论之后，基本上完全接受了艾柯卡的要求。

艾柯卡经过一年旷日持久的拖延战都未打赢工会，而出其不意的一招竟然奏效了，而且解决得干净利落。

所谓"最后通牒"，常常是在谈判双方争执不下、陷入僵持阶段，对方不愿屈服以接受交易条件时所采用的一种策略。实践证明，如果一方根据谈判内容限定了时间，发出了最后通牒，另一方就必须考虑是否准备放弃机会，牺牲前面已投入的巨大谈判成本。

美国底特律汽车制造公司与德国谈判汽车生意时，就是运用了最后通牒策略而达到了谈判目标。当时，由于双方意见不一致，谈判近一个多月没有结果，同时，别国的订货单又源源不断。这时，美国底特律汽车制造公司总经理下了最后通牒，他说："如果你们还迟迟不下定决心的话，5天之后就没有这批货了。"眼看所需之物已被抢购殆尽，德方不由得焦急起来，立刻就接受了谈判条件，于是，一场旷日持久的谈判才告结束。美国这家公司使用的就是最后通牒法，迫使对方最终屈服。

可见，在某些关键时刻，最后通牒法还是十分管用的。但是，该方法并非屡试不爽，一旦被对方识破机关，最后通牒的威力可能会反作用到自己身上来。这里有一个范例。

美国通用电气公司在与工会的谈判中采用"提出时间限制"的谈判术长达20年。这家大公司在谈判开始的时候，使用这一方法屡屡奏效。但到1969年，电气工人的挫败感终于爆发。他们料到谈判的最后结果肯定又是故技重演，提出时间限制相要挟，在做了应变准备之后，他们放弃了妥协，促成了一场超越经济利益的罢工。

发"最后通牒"一定要注意一些语言上的技巧，要把话说到点子上。

第一，出其不意，提出最后期限，对谈判者提出要求时必须语气坚定，不容通融。

运用此道，在谈判中首先要语气舒缓，不露声色，在提出最后通牒时要语气坚定，不可使用模棱两可的话语，使对方存有希望，以致不愿签约。因为谈判者一旦对未来存有希望，想象将来可能会给自己带来更大的利益时，最后就不肯签约。故而，坚定有力、不容通融的语气会替他们下定最后的决心。

第二，提出时间限制时，所提时间一定要明确、具体。

在关键时刻，不可说"明天上午"或"后天下午"之类的话，而应是"明天上午八点钟"或"后天晚上九点钟"等更具体的时间。这样的话会使对方有一种时间逼近的感觉，使之没有心存侥幸的余地。

第三，发出最后通牒言辞要委婉。

必须尽可能委婉地发出最后通牒。最后通牒本身就具有很强的攻击性，如果谈判者言辞激烈，极度伤害了对方的感情，对方很可能由于一时冲动一下子退出谈判，这对双方均不利。

吹毛求疵，让对方让步的"常规武器"

在商务谈判中，谈判者如能巧妙地运用吹毛求疵策略，会迫使对方降低要求，做出让步。买方先是挑剔个没完，提出一大堆意见和要求，这些意见和要求有的是真实的，有的只是出于策略需要的吹毛求疵。

吹毛求疵谈判法在商贸交易中已被无数事实证明，不但是行得通，而且卓有成效。有人曾做过试验，证明双方在谈判开始时，倘若要求越高，则所能得到的也就越多。因此，许多买主总是一而再，再而三地运用这种战术，把它当作一种"常规武器"。

有一次，某百货商场的采购员到一家服装厂采购一批冬季服装。

采购员看中一种皮夹克，问服装厂经理："多少钱一件？"

"500元一件。"

"400元行不行？"

"不行，我们这是最低售价了，再也不能少了。"

"咱们商量商量，总不能要什么价就什么价，一点也不能降吧？"

服装厂经理感到，冬季马上到来，正是皮夹克的销售旺季，不能轻易让步，所以，很干脆地说："不能让价，没什么好商量的。"采购员见话已说到这个地步，没什么希望了，扭头就走了。

过了两天，另一家百货商场的采购员来了。

他问服装厂经理："多少钱一件？"回答依然是500元。

采购员又说："我们会多要你的，采购一批，最低可多少钱一件？"

"我们只批发，不零卖。今年全市批发价都是500元一件。"

这时，采购员不急于还价，而是不慌不忙地检查产品。过了一会儿，采购员讲："你们的厂是个老厂，信得过，所以我到你们厂来采购。不过，你的这批皮夹克式样有些过时了，去年这个式样还可以，今年已经不行了。而且颜色也单调。你们只有黑色的，而今年皮夹克的流行色是棕色和天蓝色。"他边说边看，突然看到一件皮夹克的口袋有裂缝，马上对经理说："你看，你们的做工也不如其他厂精细。"他仍边说边检查，又发现有件皮夹克后背的皮子不好，便说："你看，你们这皮夹克的皮子质量也不好。现在顾客对皮子的质量特别讲究。这样的皮子质量怎么能卖这么高的价钱呢？"

这时，经理沉不住气了，并且自己也对产品的质量产生了怀疑，于是用商量的口气说："你要真想买，而且要得多的话，价钱可以商量。你给个价吧！"

"这样吧，我们也不能让你们吃亏，我们购50件，400元一件，怎么样？"

"价钱太低，而且你们买的也不多。"

"那好吧，我们再多买点，买100件，每件再多30元，行了吧？"

"好，我看你也是个痛快人，就依你的意见办！"于是，双方在微笑中达成了协议。

同样是采购，为什么一个空手而回，一个却满载而归？原因很简单，后者采用了吹毛求疵策略，他让对方变得理亏，同时又让对方觉得他很精明，是内行，绝不是那种轻易被蒙骗的采购员，从而只好选择妥协。

总的来说，吹毛求疵的目的无非是迫使卖主降低价格，使自己拥有尽可能大的讨价还价余地，同时也给对方一个印象，证明自己不会轻易被人欺骗，以削弱甚至打消对方想坚持某些立场的念头，或使卖主在降低价格时，能够对其上级有所交代。如果你能巧妙地运用此策略，无疑会为你增益不少，但注意一定要把话说到位。

巧妙提问，让对方只能答"是"

在说服他人赞同自己的过程中，巧妙提问也是实现目的的一种重要手段。卡耐基就曾经举过一个有趣的例子。

假设你和另一个人在同一个房间里。你站在或坐在房间的里侧，而他在房间的外侧。你希望他从房间的外侧走到房间的里侧。

不妨来做这个游戏。在游戏中，你问他问题。每次你问他一个问题，如果他答"是"，他就向房间的里侧迈进一步。如果你问他一个问题，而他回答"不是"，他就向外退一步。

如果你想让他从房间的外侧走到房间的里侧，你最好的策略是问他一系列他只能回答"是"的问题。你必须避免提出可能导致他回答"不是"的问题。

通过使用"只能回答'是'"的问题，你就可以轻而易举地做到这一点。一些封闭性问题，人们对它们的回答99.9%是肯定的。你让一个人越多地对你说"是"，这个人就越可能习惯性地顺从你的要求。

比如，回想一位你经常同意其意见的朋友，你往往已经习惯于对他做肯定的表示。因此当这个人劝说你做某事时，即使他还没有完全讲完他的理由，你往往已经决定这么去做了。

你肯定也认识你通常不同意其意见的人，他们的特点是经常听到你说"不"。当一个这样的人劝说你做某事时，你就会同多数人一样，在他还没有讲完他的理由之前，你就已经在琢磨用什么借口来说"不"，以便拒绝他了。

这些相近的倾向说明，让你想说服的人形成对你说"是"的习惯是多么的重要。反过来也是如此。如果一个人已经习惯性地对你说"不"，不同意你的看法，你想成功地说服他的可能性几乎为零。

提出"只能回答'是'"的问题有个好办法，就是问你知道那个人会做肯定回答的事情。如果你愿意的话，你可以在问话里加上这样的话，如："是这样吧？""对吧？""你会同意吧？"

一位推销员问一位潜在顾客："你确定购买这件设备的关键是其费用，是吧？"价格无疑是关键的。因此，这样的问题肯定会带来"是"的回答。或许就这样开始了让顾客对推销员养成做肯定回答的习惯。

换句话说，这位推销员可以问顾客："设备的价格对你来说很重要吧？"这也是一个封闭型"只能回答'是'"的问题。对这样一个问题，几乎人人都会回答"是"。

当一位雇员想提醒同伴开始进行一个项目时，这位雇员可能提出这样"只能回答'是'"的问题,"我们需要尽快完成这个项目,是吧?"这里,一个明确的声明"我们需要尽快完成这个项目"跟着一个"只能回答'是'"的问题"是吧?"它要求得到一个"是"的回答。

这种"只能回答'是'"的问题已被反复证明是非常有用的。

让对方觉得那是他的主意

你是否对自己的想法比别人给你提供的想法更有信心?如果是的,那你为何要将自己的意见强加于人呢?因为如果你的意见确实正确,事实终会证明这一点。如果你的意见不对,你非得强加于人,别人要么不大愿意接受,要么接受后对自己产生不利的后果,那你的意见不成了一种罪过吗?所以我们何不采取一种更好的策略:只向对方提供自己的看法,而由他最后得出结论!

没有人喜欢被迫购买或遵照命令行事。如果你想赢得对方的合作,就要征询他的愿望、需要及想法,让他觉得自己的决策是出于自愿的。

费城的亚道夫·塞兹先生,突然发现他必须给一群沮丧、散漫的汽车推销员灌输热忱。他召开了一次销售会议,要求这些推销员把他们希望从他身上得到的个性都告诉他。在他们说出来的同时,他把他们的想法写在黑板上。然后,他说:"我会把你们要求我的这些个性，全部给你们。现在，我要你们告诉我，我有什么权利从你们那儿得到东西。"回答来得既快又迅速：忠实、诚实、进取、乐观、团结，每天热情地工作 8 小时。有一个人甚至自愿每天工作 14 个小时。会议之后，销售量节节攀升。

塞兹先生说："只要我遵守我的条约，他们也就决定遵守他们的。向他们探询他们的希望和愿望，就等于给他们的手臂打了他们最需要的一针。"

同样，美国陆军上校爱德华·荷斯的例子，用在此处，也是很好的证明。

陆军上校爱德华·荷斯，曾在威尔逊总统时期，在许多重要事件上发挥相当的影响力。威尔逊总统对荷斯十分倚重，其重要性有时比其他阁员更有过之而无不及。

荷斯是用什么方法去影响威尔逊总统呢？他后来曾透露过这个秘密，那是经由亚瑟·史密斯在《星期六邮报》上发表出来的：

"'我比较了解总统的脾气个性之后，就比较知道该如何改变他的想法。'荷斯说道，'要想改变威尔逊总统的观念，最好是在无意间把一个观念深植在他脑海里。当然，这不但要先引起他的兴趣，而且要不违背他的利益。我也是在无意间发现这个方法的。因为有一次我在白宫同他讨论一个政策，他本来相当反对我的看法，但几天之后，在一个晚宴上，他却向别人提出我的看法，只是那时已变成他的看法。'"

荷斯是个聪明人，不在乎由谁来表达那个看法。荷斯要的是结果，所以，他便让威尔逊觉得那是他自己的看法，甚至连众人也觉得如此。

让我们再次记住：我们所碰到的许许多多的人，都具有像威尔逊一样的人性。所以，让我们也采用荷斯上校的做法吧！

一次，卡耐基计划前往加拿大的新不伦瑞克省去钓鱼划船，便写信给观光局索取资料。一时间，大量信件和印刷品向他寄来，他不知该如何选择。后来，加拿大有个聪明的营地主人寄来一封信，内附许多姓名和电话号码，都是曾经去过他们营地的纽约人，并希望卡耐基打电话询问这些人，便可详细了解他们营地所提供的服务。

卡耐基在名单上发现了一个朋友的名字，便打电话给那位朋友，询问种种事宜。最后，又打了个电话通知营地主人他到达的日期。

卡耐基说："有许多人想尽办法向我推销他们的服务，但有一个却让我推销了我自己。那个营地主人赢了。"

确实如此，没有人喜欢被强迫购买或遵照命令行事。我们宁愿出于自愿购买东西，或是按照我们自己的想法来做事。我们很高兴有人来探询我们的愿望、我们的需要，以及我们的想法。

众所周知，西奥多·罗斯福在担任纽约州州长的时候，他一方面和政治领袖们保持良好的关系，另一方面又强迫他们进行一些他们十分不喜欢的改革。很多人都不解，他究竟是怎么做到的呢？看完下面的内容，相信你会找到答案的。

当某一个重要职位空缺时，罗斯福就邀请所有的政治领袖推荐接任人选。"起初，"罗斯福说，"他们也许会提议一个很差劲的党棍，就是那种需要'照顾'的人。我就告诉他们，任命这样一个人不是好政策，大家也不会赞成。"

"然后他们又把另一个党棍的名字提供给我，这一次是个老公务员，他只求一切平安，少有建树。我告诉他们，这个人无法达到大众的期望。接着我又请求他们，看看他们是否能找到一个显然很适合这一职位的人选。他们第三次建议的人选，差不多可以，但还不太好。接着，我谢谢他们，请求他们再试一次，而他们第四次所推举的人就可以接受了，于是他们就提名一个我自己也会挑选的最佳人选。我对他们的协助表示感激，接着就任命那个人，还把这项任命归功于他们。"

记住，罗斯福尽可能地向其他人请教，他让那些政治领袖们觉得，他们选出了适当的人选，完全是他们自己的主意。无独有偶，发生在皮尔医师身上的一个例子也正好说明了这一点。

皮尔医师在纽约布鲁克林区的一家大医院工作，医院需要新添一套 X 光设备，许多厂商听到这一消息，纷纷前来介绍自己的产品，负责 X 光部门的皮尔医师不胜其扰。

有一家制造厂商则采用了一种很高明的技巧。他们写来一封信，内容如下：

我们的工厂最近完成了一套新型的 X 光设备。这批机器的第一部分刚刚运到我们的办公室来。它们并非十全十美，你知道，我们想改进它们。因此，如果你能抽空来看看它们并提出你的宝贵意见，使它们能改进得对你们这一行业有更多的帮助，那我们将深为感激。我们知道你十分忙碌，我们会在你指定的任何时候，派我们的车子去接你。

"接到信真使我感到惊讶。"皮尔医师说道，"以前从没有厂商询问过我的意见，所以这封信让我感到了自己的重要性。那一星期，我每晚都忙得很，但还是取消了一个约会，腾出时间去看了看那套设备，最后我发现，我愈研究就愈喜欢那套设备了。没有人向我兜售，而是我自己向医院建议买下那整套设备。"

被尊为圣人的老子曾说过："江海所以能为百谷王者，以其善下之，故能为百谷王。是以欲上民，必以言下之；欲先民，必以身后之。是以圣人处上而民不重，处前而民不害，是以天下乐推而不厌。"

所以，如果你要说服别人，你应该遵守说服的又一大原则：让别人觉得那是他们的主意。